主编 ◎ 郭漫

世界珍稀动植物博览

Shijie Zhenxi Dongzhiwu Bolan

人类凭借自己的力量，
使地球发生了天翻地覆的变化；
而与此同时，
也在制造着一幕幕悲剧，
由于人类的过度干预与破坏，
太多的动植物已处于濒临灭绝的边缘……

航空工业出版社
北京

图书在版编目(CIP)数据

世界珍稀动植物博览/郭漫主编. ——北京：航空工业出版社，2010.5(2022.1重印)
ISBN 978-7-80243-521-6

Ⅰ.①世… Ⅱ.①郭… Ⅲ.①珍稀植物—世界—普及读物②珍稀动物—世界—普及读物 Ⅳ.①Q94-49②Q95-49

中国版本图书馆CIP数据核字(2010)第080182号

世界珍稀动植物博览
Shijie Zhenxi Dongzhiwu Bolan

航空工业出版社出版发行
(北京市安定门外小关东里14号　100029)
发行部电话：010-64815521　010-64978486

三河市燕春印务有限公司印刷	全国各地新华书店经售
2010年5月第1版	2022年1月第5次印刷
开本：787×1092　1/16	印张：12　字数：280千
印数 28001—33000	定价：48.00元

部分图片由于无法与原作者联系，稿酬未能寄达，敬请谅解！请及时与我们联络。
如有印装质量问题，我社负责调换。

Q 前言
Qianyan

美国生物学家蕾切尔·卡逊的名著《寂静的春天》可谓轰动一时，相信每一个读过此书的人都会感到深深的焦虑。人类的活动已经对地球的环境造成了极大的威胁——越来越多的地方少了报春的鸟儿、少了呢喃的虫鸣；清晨早起，原来随处可以听到的莺歌燕语已经消失……本该喧闹的春天也因为人类而变得悄然无声。

对于自然界动植物的生长、繁殖，达尔文曾经精辟地将其规律概括为"物竞天择，适者生存"，在人类没有出现或者没有能力过多介入的时候，自然界的动植物也都在不停地消失湮灭或者生长繁衍，但是自然界的基本平衡没有被打破。人类社会在几千年的历史进程中，取得了突出的进步，从刀耕火种的原始社会到具有现代化工、农业生产的当代社会，人类用自己的智慧与力量，已经使整个地球发生了天翻地覆的变化。一方面，这沧海桑田的变化的确让人类引以为傲；但与此同时，这也的确令人伤感，因为太多的动植物已经因人类的活动而处于濒临灭绝的境地。

本书在编写的过程中，着重选取了一些濒临灭绝的珍稀动植物。从国宝级的大熊猫到被誉为"活化石"的扬子鳄，从憨态可掬的树袋熊到英武的白头海雕，从食肉的猪笼草到结面包的猴面包树，从美丽的银杏树到魁梧的红杉……相信通过阅读，大家都会被这些珍稀动植物的独特形态和习性所吸引；也会对那些只图一时经济利益而滥杀动物或者滥伐植物的人感到厌恶；更会被那些用自己的生命保护物种的人而深深地感动。

本书将知识性和趣味性融为一体，我们除了对每一种珍稀动植物作生动的文字介绍以外，还配以精美的插图和与文字内容相关的知识链接。相信每一位读过此书的人，都会对神奇的自然界生灵有更加深入的了解。

本书编者

目录 MULU

第1章 动物篇

阿姆斯特丹信天翁——"天空的霸主"……002
白唇鹿——鹿中之王………003
白袋鼠——罕见的濒危物种………004
白腹海雕——从容的"飞行员"………005
白腹锦鸡——长尾巴的"司仪"………006
白鹳——优美的"送子鸟"………007
白肩雕——身披斗篷的"飞行侠"………008
白鱀豚——"长江神女"………009
白头海雕——美国国鸟………011
白头鹤——鸟中"修女"………012
白尾地鸦——生命绝地的精灵………013
白尾海雕——懒散的神秘"隐士"………014
白犀牛——非洲大陆上的"角斗士"………015
白枕鹤——红脸"旅行家"………017
斑马——来自非洲的素颜者………019
北美红眼雀——叽叽喳喳的林中鸟………021
歌鸲——模范夫妻………021
长臂猿——空中技巧项目的冠军………022
长颈鹿——文雅的"巨人"………023
长尾雉——空中"杂技演员"………024

穿山甲——身披铠甲的"土行孙"………025
达尔文美洲鸵——温和的奔跑健将………026
大䴉——"绯闻"多多的鸟………027
大灵猫——"身揣香包"的"夜行侠"………028
大熊猫——中国国宝………029
戴胜——又懒又臭的"山和尚"………031
丹顶鹤——长寿仙鸟………032
雕鸮——勇猛的大猫头鹰………034
东北虎——兽中之王………035
独角犀——无与伦比的"演唱家"………037
短尾猫——乖巧活泼的美洲山猫………038
非洲象——陆上动物中的"巨人"………039

非律宾鹰——鹰中之虎………041
狒狒——阿拉伯的"神兽"………042
古巴钩嘴鸢——善于飞行的猛禽………043
寡妇鸥——随季节"换帽子"的海鸟………043
海豚——善良的"海上救生员"………044
褐鹈鹕——长相怪异的捕鱼能手………046
黑鹳——冷艳的"空中精灵"………047
黑颈鹤——身居高原之"神"………048
黑猩猩——最聪明的动物………049
红脸杜鹃——害羞的鸟儿………051
花脸齿鹑——被猎人追逐的"歌唱家"………051
华南虎——失踪多年的猛虎………052
黄腹角雉——我国独有珍禽………053
喙头蜥——与海鸟同居的陆栖动物………055
火烈鸟——为爱燃烧的"粉红一族"………056

目录 MULU

世界珍稀动植物博览

极乐鸟——来自天堂的鸟儿…………058
剑羚——头顶长剑的"骑士"…………060
金雕——王权的象征…………061
金钱豹——凶猛的爬树高手…………062
金丝猴——最美丽的灵长类动物…………063
克拉克织布鸟——动物界的缝纫高手…………065
孔雀雉——貌似孔雀的鸟儿…………066
拉蒂迈鱼——地球上最古老的鱼类…………067
蓝鹤——南非国鸟…………069
蓝鲸——海洋中的"巨无霸"…………070
蓝鹇——台湾特有的美丽鸟…………071
领狐猴——森林中的长尾歌者…………072

绿孔雀——舞姿翩翩的"疾行军"…………073
马来貘——马来西亚国宝…………074
蟒蛇——蛇中巨人…………075
牦牛——"高原之舟"…………076
梅花鹿——鹿中美人…………077
美国埋葬虫——自然界里的"清道夫"…………079
美洲野牛——命运多舛的野牛…………080
欧洲棕熊——传递国际友谊的使者…………081
婆欧里鸟——离灭绝危险最近的鸟儿…………082
儒艮——童话里的美人鱼…………083
蛇雕——蛇类的天敌…………084
猞猁——高山上的猎手…………085
树袋熊——世界上最可爱的动物…………086
双峰驼——"沙漠之舟"…………088
水鹿——溪谷精灵…………089
水獭——机敏的吉祥物…………090
苏眉鱼——世界最大的珊瑚鱼…………091

塔尔羊——悬崖绝壁上的"行者"…………092
跳羚——非洲大陆上的跳高能手…………093
驼羊——貌似绵羊的群居者…………094
夏威夷水鸡——害羞的水鸟…………095
小杜父鱼——小身形的大头鱼…………095
小熊猫——憨态可掬的"九节狼"…………096
新西兰岸鸻——海滩上的歌者…………097
熊猴——体胖如熊的猴…………098
雪豹——豹中珍品…………099
鸭嘴兽——动物"活化石"…………101
亚洲象——长鼻子的大力士…………103
亚洲野驴——荒野上的"长跑健将"…………105
扬子鳄——中国土龙…………106
野牛——孤傲的"白袜子"…………107
野猪——嗅觉机敏的山猪…………108
遗鸥——人类最晚认识的水鸟…………109
玉带海雕——凶猛漂亮的黑鹰…………110
鸳鸯——貌似忠贞的水禽…………111
藏羚羊——"高原精灵"…………112
藏马鸡——婀娜多姿的的鸟类…………113
针鼹——浑身长刺的食蚁兽…………114
中华鲟——游动的"活化石"…………115
中美貘——泥地里的"小坦克"…………117
朱鹮——鸟类"东方宝石"…………118
紫貂——身穿高贵皮衣的动物…………119
鳟鱼——交响乐中"游"出的主角…………120

第2章 植物篇

瓣鳞花——荒漠中的"花仙子"……………122
报春苣苔——喜钙草本植物……………123
长白松——树中"美人"……………124
莼菜——水中一宝……………126
刺桫椤——最古老的蕨类植物……………127
翠柏——永恒与高洁的象征……………128
冬虫夏草——由虫变草的神奇生物……………129
独叶草——独花独叶一根草……………130
多花蓝果树——园林童话树……………131
凤凰木——木中"火凤凰"……………133
珙桐——鸽子树……………134
海南罗汉松——濒危的"罗汉"……………136
海椰子——"爱情之果"……………137
鹤望兰——人间"天堂鸟"……………138
红椿——速生的木中"贵族"……………139
红杉——千年寿星树……………140
猴面包树——最粗、最长寿的树木……………142
华盖木——季风气候区的珍稀树种……………144
黄檗——金发姑娘……………145
箭毒树——世界上最毒的树……………146
金花茶——"茶中皇后"……………147
金钱槭——果实奇特的野生植物……………148
冷杉——傲骨嶙峋的常绿乔木……………149
连香树——古老的家族……………150
鹿角蕨——庭院中的"鹿角"……………151
落叶木莲——鹅黄美人……………152
木兰——花中"活化石"……………153
楠木——百年成材的珍贵树种……………154
坡垒——气候带指示器……………156
七子花——"花中仙子"……………157
人参——百草之王……………158
珊瑚菜——可以食用的沙参……………160
睡莲——水中的美人……………161
四合木——植物中的"大熊猫"……………162
四数木——最典型的板根植物……………164
蒜头果——"娇贵"的虫媒传粉植物……………165
天麻——不含叶绿素的植物……………166
秃杉——老树幼树叶不同的植物……………167
望天树——雨林巨人……………168
喜马拉雅长叶松——世界屋脊上的稀有树种……………169
喜树——抗癌植物……………170
夏蜡梅——初夏盛开的梅花……………171
香果树——茜草科的唯一代表……………172
星叶草——喜欢"群居"的植物……………173
雪莲——高山上的"圣女"……………174
羊角槭——羊角形果子的落叶乔木……………176
银杉——"杉中公子"……………177
银杏——植物界的"活化石"……………178
羽叶点地梅——石缝中绽放的花……………180
云南石梓——花色明艳的大树……………181
樟树——防虫高手……………182
猪笼草——食肉植物……………183
紫椴——环保树材……………184
秤锤树——树上的斤两……………184
紫荆木——木中极品……………185

第1章 动物篇

动物是人类最亲近而不可缺少的伙伴，不论它们凶猛还是温顺，也不论它们强大还是弱小。
这里有生活在澳洲的可爱的树袋熊，也有生活在美洲的英武的白头海雕，更有生活在亚洲的憨态可掬的大熊猫……

阿姆斯特丹信天翁——"天空的霸主"

←守护着雏鸟的阿姆斯特丹信天翁

→有着惊人翼展的阿姆斯特丹信天翁是名副其实的"天空的霸主"。

↓在岛上的小阿姆斯特丹信天翁

阿姆斯特丹信天翁是大型海鸟，属信天翁科，主要分布在阿姆斯特丹岛的南部地区。

阿姆斯特丹信天翁不像其他的信天翁那样身体雪白，而是略带些褐色，由于其数量锐减，现在人们不得不采取人工养殖的方法对它们的生存和繁衍加以保护。人们通常会把它们养殖在开阔而湿软的地域。像所有的海鸟一样，这种信天翁的主要食物是鱿鱼，有时它们也跟随船只吃一些船上抛下来的食物。

信天翁是鸟类中寿命较长的，它的平均寿命达到二三十年，而且配偶间彼此非常忠诚，一般会厮守终生。它们过着一种浪迹天涯、充满传奇色彩的生活。这种大型海鸟拥有鸟类中最宽大的翅膀，借助它和开阔洋面上的强劲风力，就可以毫不费力地沿着暴风带的边缘做长途环球旅行。信天翁是最善于滑翔的鸟类之一，有风的时候一连几个钟头停留在高空，而那副又长又窄的翅膀居然可以一动也不动。所以，很多人都说，信天翁是真正的"天空的霸主"，自然，阿姆斯特丹信天翁也不例外。

阿姆斯特丹信天翁很少在陆地上活动，但当它们要繁衍后代的时候，必须回到陆地上。每到繁殖的季节，它们都会成群结队地飞到遥远的海岛上去，在那里交配，然后雌鸟在光秃秃的地面上或是筑起的巢中产下一枚又大又白的蛋，蛋由雄鸟和雌鸟轮流孵化，大约一周之后，小阿姆斯特丹信天翁就出壳了。小家伙长得很慢，它们要在岛上生活大约5年的时间，所以为了给孩子带回点食物，信天翁要在茫茫大海上飞行数千英里，并要准确辨别方向，来回要花上几天时间。

虽然过去传说捕杀信天翁会带来厄运，但还是有不少海员用诱饵来捕捉它们。现在阿姆斯特丹信天翁几乎面临灭绝的危险了。如果不加以保护，或许这种美丽的大鸟就真的要在地球上消失了。

在我国的澎湖列岛及台湾附近岛屿，也有一种珍贵的信天翁，即短尾信天翁，属我国一级保护动物，也濒临灭绝。

第1章 动物篇 DONG WU PIAN

白唇鹿——鹿中之王

白唇鹿，偶蹄目，鹿科，鹿属，别名为岩鹿、白鼻鹿、黄臀鹿，主要采食禾本科、蓼科、景天科植物。主要分布在我国的青海、甘肃及四川西部、西藏东部地区。是我国特有的珍贵动物，已被列为国家一级保护动物。

白唇鹿体态优雅，体形大小与水鹿、马鹿相似，体长约2米，肩高约1.3米，耳长而尖。其泪窝大而深，蹄较宽大。雄鹿有两只大角，每只角上有4或5个分叉，眉枝与次枝相距远，次枝长，主枝略侧扁，因此又被称为"扁角鹿"。白唇鹿通体呈暗褐色（冬季）到棕黄色（夏季），臀斑淡棕色。由于白唇鹿的唇的周围和下颌均为白色，故名"白唇鹿"。

白唇鹿的发情、交配期多在9～11月份。在交配期，为了争夺雌鹿，雄鹿间经常发生激烈的争偶格斗。雌鹿孕期8个月左右，翌年夏季产崽。每胎仅产1崽，刚出生的小鹿非常可爱，身上有白斑。

白唇鹿主要栖息在海拔3500～5000米的高寒灌丛或草原上，它是一种生活于高寒地区的山地动物。白天常隐于林缘或其他灌丛中，也攀登水流石滩和裸岩峭壁，善于爬山奔跑。有季节性垂直迁徙的习性，它们宽大的蹄子利于翻山越岭，作长途迁移。喜欢集群生活，日行性，无定居。耐饥寒。

← 风雪中的白唇鹿

→ 长有大角的雄性白唇鹿

白唇鹿的鹿茸产量较高，是名贵中药材。人们对白唇鹿等鹿类动物进行的猎杀使得这一珍贵种群越来越罕见。到20世纪70年代后期，虽然各地管理部门已加以重视和保护，但由于其经济价值大，非法猎杀仍屡禁不止。加上各地捕捉初生幼鹿进行饲养，对野外种群增长也影响较大。

当然，白唇鹿的情况也引起了人们的注意，各地也采取了有效的措施来预防这种局面出现。人们建立了相应的白唇鹿自然保护区，现有的保护区有新路海保护区（四川）、盐池湾保护区(甘肃)。目前，一些地区已有效地控制住了对白唇鹿的捕猎。

白袋鼠——罕见的濒危物种

白袋鼠原产自澳大利亚。它通体雪白，非常漂亮，也十分罕见，是全球濒危物种，目前全世界仅存1000余只。

相信大家肯定会有一个疑问，通常我们所见到的袋鼠都是赤褐色或灰色的，为什么会有白色的袋鼠呢？原来，白袋鼠是袋鼠群体中的个别现象，它是由于物理因素、化学因素导致基因突变而产生的，是群体中基因突变的个别现象，因此显得尤为珍贵。

白袋鼠是赤袋鼠的白化种类，生活习性与赤袋鼠一样，生活在森林地带，跳跃行走，以草为食，没有固定的繁殖期，孕期约1个月，1岁半左右达到性成熟，寿命约15年。

白袋鼠与其他袋鼠一样，一般怀孕1个月就会产下不到2厘米长的小袋鼠。小袋鼠一出生就爬进育儿袋，在里面长大，10个月之后，才能自己独立生活。

白袋鼠不但数量少，而且繁殖能力也非常低。值得庆幸的是，我国杭州野生动物世界里有两对由澳大利亚赠送的白袋鼠，两只雌性白袋鼠于2006年5月双双怀孕并产下健康的幼崽，两只幼崽活泼可爱，每天都会吸引成千上万的人前来观看。

白袋鼠在我国的繁育成功具有重大意义，这为进一步促进白袋鼠的数量增长起到了积极的作用。

↑ 漂亮的白袋鼠是全球濒危物种，是基因突变而产生的白化种类。

龙文小百科 育儿袋

少数低等哺乳动物，如大袋鼠和针鼹等，在雌体腹部都有1个由皮肤皱褶形成的袋，袋内有乳腺和乳头，未充分发育的幼兽即在其中哺乳，称为育儿袋。

袋鼠的育儿袋有1对袋骨支持腹壁；针鼹的育儿袋是临时性的，只有在繁殖期才形成，母兽可将卵移至育儿袋中孵化，一般在哺乳期过后，针鼹的育儿袋便会自行消失。

所有雌性袋鼠都长有前开的育儿袋，育儿袋里有4个乳头。小袋鼠就在育儿袋里被抚养长大，直到它们能在外部世界生存。

在有袋类动物中，只有雌性个体才有育儿袋，雄性没有。那么，为什么袋鼠类的动物会有育儿袋呢？原来，袋鼠虽是胎生，但却无胎盘。袋鼠妈妈怀孕四五个星期就生下一个像铅笔头大小的小袋鼠，长约2厘米，无毛，看不见东西。靠前肢和灵敏的嗅觉，小袋鼠沿着妈妈给它舔出的道路爬进育儿袋，叼着袋里的乳头发育成长。200天后，小袋鼠可外出活动，但一有危险就立即钻入袋中，由妈妈带着逃走。

白腹海雕——从容的"飞行员"

白腹海雕，鹰科，海雕属，没有亚种。在国外分布于印度、斯里兰卡、孟加拉、澳大利亚、新几内亚和西南太平洋中的岛屿上，在我国分布于江苏、浙江等地，但各地均极罕见，为世界一类保护动物。

白腹海雕的头部、颈部和下体都是白色，背部为黑灰色。与其他海雕不同的是，它的尾羽呈楔形，为褐色，端部为白色。虹膜为褐色，蜡膜和上嘴为红灰色，下嘴为蓝灰色，尖端为黑色，嘴裂为红蓝色，爪为黑色。

↓ 美丽的白腹海雕

白腹海雕在飞翔的时候是非常从容的，它们通常单只或成对沿着海岸在水面上低空飞翔，两翅扇动缓慢而有力，有时也在高空翱翔或滑翔。当在高空翱翔或滑翔的时候，两翅常上举成"V"字形。叫声为"啊，啊"，较为简单。

白腹海雕的繁殖期从每年的12月份到翌年3月份，在南半球的澳大利亚等地则通常在5～10月份。每窝通常产卵2枚，偶尔为3枚。卵为白色，形状为卵圆形。亲鸟轮流孵卵，但以雌鸟为主，雄鸟仅在白天替换雌鸟。白腹海雕的领域性甚强，也是由亲鸟共同来保卫。

白腹海雕主要在白天觅食，尤其在早晨和黄昏最为频繁，它们以鱼类、海蛇、野鸭等为食，也在陆地上捕食蛙、蜥蜴、野兔和蛇，有时还吃动物尸体，偶尔捕食家禽。

白腹海雕是大型猛禽，为留鸟，多活动于海岸及河口地区，有时也出现在离海岸不远的丘陵和水库上空，但一般不远离海岸，因此是典型的海岸鸟类。它们一般营巢于海岸边高大的乔木树上或悬崖岩石上，也营巢于内陆沼泽地带的小树上、没有树木的岛屿的地上或岩石上。巢的结构较为庞大，直径通常可达250厘米，主要由枯树枝构成，里面放有一些绿叶，它们还喜欢利用旧巢，通常一个巢可使用多年，但每年都需要增加新的巢材，因此随着使用年限的增加，巢也变得愈来愈大。在印度曾发现一个直径达270厘米、高达180厘米的巢。

↓ 凶猛捕食的白腹海雕

由于白腹海雕的数量稀少，人们已经加大了对白腹海雕的保护工作，如禁止捕杀、遥感监测、及时救助伤病鸟等。目前，人类对白腹海雕的保护工作已经取得成效。

白腹锦鸡——长尾巴的"司仪"

↑ 优雅漂亮的白腹锦鸡

↑ 雌、雄白腹锦鸡正在说着鸟语。

白腹锦鸡属鸡形目，雉科。主要分布在缅甸东北部至中国西南部，在我国主要分布于西藏东南部、云南、四川南部、贵州西部至广西西部，是我国二级保护动物。

白腹锦鸡多生活在低山、中山和高山地区的森林中和灌丛中，以多种植物的嫩芽、叶、花、果和种子为食，也吃蘑菇、白蚁和蝗虫。

雄白腹锦鸡非常美丽，其体长约1.2米，头顶上、胸、背以及两翼呈现出富有金属光泽的深绿色，猩红色的冠羽，白色颈背呈扇贝形而带黑色边缘，白腹黄腰，尾羽特长微有下弯，白黑两色相间，部分尾端为橘黄色。相比之下，雌鸟则逊色了许多，它们体形较小，长约60厘米，上体多黑色和棕黄色横斑，胸为栗色并多具黑色细纹，虹膜为褐色，嘴脚都呈蓝灰色。

白腹锦鸡的叫声有多种变化，彼此联系时，发觉有危险时，母鸟寻找小鸟时，小鸟寻找妈妈时，或是在繁殖期，它们都会发出不同的鸣叫声。平时，白腹锦鸡常成小群活动，在森林中游荡觅食。繁殖季节里，雄鸟会占据一块山地，禁止别的雄鸟进入，甚至有时还会为争夺地盘发生激烈打斗。

白腹锦鸡多筑巢于人畜罕至的山坡地面上的倒木枯枝或巨岩缝隙中，以枯叶或残羽为材料，非常隐蔽。它们通常在4月下旬开始繁殖，每窝产卵5~9枚，卵为浅黄褐色或乳白色，光滑无斑。孵卵期为21天。

白腹锦鸡在我国古代是高贵的鸟类，二品官的官服上绣的就是白腹锦鸡，可见其地位之高贵。170多年前，英国人便把白腹锦鸡带到伦敦饲养。现在，它作为世界上最漂亮的观赏雉之一，同红腹锦鸡一样，在各地动物园和野生动物养殖场均有饲养。

白鹳——优美的"送子鸟"

白鹳亦称老鹳,属鹳形目,鹳科。易驯化,是我国一级保护珍禽。

白鹳主要在我国东北北部和东北部以及新疆西南地区繁殖,常迁徙至东北中部、河北、长江中下游及台湾等广大地区越冬。当然,在欧洲的一些国家也可以见到这种鸟的足迹。

白鹳洁白美丽,全身几乎为纯白色。肩羽、翼上的覆羽、初级覆羽及飞羽等均呈光亮的黑色,喙也呈黑色。眼周及颊部裸区呈红色,腿及脚呈橘红色。

白鹳温驯而又警觉。当它们步行时,举步缓慢,休息时常以一足站立,飞行较慢。成年的鹳从不鸣叫,但有时上下嘴打动时会发出"哒哒"的响声。

白鹳通常筑巢于高大乔木或建筑物上,在每年的3月份开始繁殖,每窝产卵3~5枚,白色。雌雄轮流孵卵,孵化期约30天。繁育期间成对活动,越冬时常集群生活,移飞前幼鸟随大群游荡。

白鹳对人类来说是一种益鸟,它们经常以一些害虫为食。据记载,1849年6月初,俄国发生了蝗灾。这时,大群的白鹳聚集到蝗虫密集的农田附近,像一队队围歼顽敌的白衣士兵,每天歼灭大量的蝗虫。到了7月初,蝗灾便被控制住了。

由于白鹳外表美丽,人们赋予了它们一些特殊的文化内涵。在欧洲,人们把白鹳称为"送子鸟"。据说,送子鸟在谁家屋顶筑巢,谁家就会喜得贵子,生活幸福美满。时至今日,在欧洲乡村,还经常能看到住家的屋顶烟囱上搭着一个平台,那是专为白鹳准备的,这在欧洲也可以说是一种奇观了。白鹳因此受益匪浅。

然而,随着城市的扩展及环境污染的加剧,白鹳的数量已大为减少。这种曾给人类带来幸福吉祥的鸟,也正在受到人类活动的威胁。

↑ 体态优美的白鹳

↓ 慈爱的白鹳妈妈和可爱的小白鹳

白肩雕——身披斗篷的"飞行侠"

← 威武的白肩雕

白肩雕，又名御雕，在亚洲分布较广，在我国多见于新疆、甘肃、青海、陕西，并常到长江中下游、福建、广东等地越冬。它栖息于山地，可达海拔 1400 米的高处，也见于草原、丘陵、河流的沙岸等地。白肩雕为我国一级保护动物，被列入《濒危野生动植物种国际贸易公约》附录Ⅰ中。

白肩雕的体形比金雕小，全身黑褐色，背部具有光泽，肩有白羽；头、颈为褐色，缀以黑斑；尾灰褐色，具有不规则黑色横斑。白肩雕飞翔时，常缓缓地鼓动着双翼在空中滑翔。

白肩雕在捕捉猎物的时候有一个怪脾气，那就是喜欢让小动物们自投罗网。所以它喜欢长时间蹲在一个地方不动，窥视猎物的到来，当黄鼠、跳鼠等出现时，突然飞起捕捉。有时，它们也吃一些鸟类和动物的尸体。

↑ 白肩雕头部特写

白肩雕不仅分布在我国，在西班牙与葡萄牙等一些国家也可看见它们的踪影，但是也很稀少。它在 20 世纪 60 年代曾一度濒临灭绝。

那么，是什么原因使得白肩雕的数量锐减呢？除了人类的捕杀外，对于白肩雕而言，最大的危险就是触电。白肩雕在飞行途中经常会遇到高压电线，一旦撞上就会没命。约 60%出生不到 1 年的小白肩雕就是死于触电。

为此，人类也做出了很大的努力来挽救这些可怜的生灵，比如西班牙最高科学研究中心的生物学家们发明了电子"牧羊犬"，用来"教会"幼雕避免触电。科学家在雕巢附近的电线杆上安装这种电子装置后，可使电流变得微弱。当有小雕触到电线时，会受到一阵"无害但讨厌"的电击，提醒它们务必远离此物。同时，西班牙还在进行多项保护幼小雌雕的试验。目前雄性白肩雕数量大大超过雌雕，如果白肩雕雌雄比例不平衡，产蛋量就将下降，最终也同样会走向灭绝。

只要人类能够始终不放弃对生命的关爱，那么，它们的悲惨境遇将会有所改变。

← 美丽雄健的白肩雕

→ 可爱的小白肩雕

白鳖豚——"长江神女"

白鳖豚又名白鳍豚，也称"白旗"。属哺乳纲，鲸目，淡水豚科。人们称其为"长江神女"、"水中大熊猫"、"活化石"，其分布于长江中下游一带。白鳖豚是中国特有的珍稀动物，为国宝级的珍贵动物。

白鳖豚是一种美丽的动物，它们体长1.5～2.5米；有背鳍；背面呈淡蓝灰色，腹面呈白色，鳍为白色；吻突极狭长，约有30厘米，上颌和下颌几乎等长，且微微上翘，上下颌共有130多枚圆锥形的同型齿；额顶显著隆起；眼小，位于口角下方；耳孔极小，形似针眼，位于眼的后下方；颈部两侧、耳孔后及鳍肢上方区域有一半圆形的白色宽纹，在肛门上方的尾侧有两道半月形的白色宽纹。

白鳖豚雌性6岁、雄性4岁时可达性成熟。生殖交配期在4～6月，孕期约9个月，至翌年1～2月份在江中分娩。母豚每年只生1胎，每胎1崽，偶有双胞胎。刚出生的幼豚吃母豚乳汁长大，并随群一起活动。

很多人都误认为白鳖豚是鱼，而不是哺乳动物，其实，它是兽而不是鱼类。它体温恒定，用肺呼吸，体内受精，胎生哺乳。据科学家发现，鲸类的祖先是生活在陆地上的原始哺乳动物，后来由于受冰川的袭击，它们不得不迁入水中避难。经过漫长的生物进化历程，演化成完全适应水中生活的特殊类群。

白鳖豚喜欢在远离岸边的江心主流区活动，是一种疏人性豚类。在行动中有集群习性，常三五成群地在江心活动，偶尔也进入湖泊、支流与长江干流汇合处活动。白鳖豚用肺呼吸，每隔一两分钟就要露出水面换一次气。换气时总是头先出水，有时会喷出水花，喷出的水花不高，尾鳍并不出水，出水呼吸时会发出声响。当天气闷热、暴雨即将来临之际，它便频频露出水面一起一伏。

↑白鳖豚常被长江沿岸居民称为江猪

↑长江奇兽——白鳖豚

↑嬉戏的白鳖豚

→这是人类饲养成功的唯一一头雄性白鱀豚

白鱀豚是肉食性动物，它们常在浅滩、岔流以及支流汇合处觅食，以鱼为主，其食量很大，一般摄食量可占体重的10%~12%。其视觉很差，靠自身发出的超声波信号发现食物并用突袭方式吞吃食物。它有和猩猩一样发达的大脑，是一种聪明而有智慧的动物，并且具有"回声定位"能力。

白鱀豚拥有流线型的体形、丰厚的皮下脂肪，这种结构在仿生学上有重要的科学价值。

葛洲坝和三峡大坝建成后，使长江生态环境发生了急剧变化。航运业的发展、河道整治、机动船只增加、水质污染、江湖淤塞、使用有害渔具及有害捕捞方法等，严重威胁着白鱀豚的种族延续。据实测统计，现长江白鱀豚资源量已不足100头，远低于大熊猫。为使白鱀豚在自然界免遭灭绝的厄运，国家已将其列入一级保护动物，并将长江天鹅洲古道和安徽铜陵江段划为自然保护区，以保护白鱀豚资源，拯救这一濒危的物种。

龙文小百科　全球十大濒危野生动物

最近，英国伦敦动物学会发起拯救EDGE(具有独特进化意义的全球濒危动物)的捐款活动。该学会列出100种EDGE，号召大家筹款拯救它们，保护它们的生存领地。这些EDGE由于独一无二，一旦灭绝就是完全绝种，再也找不到类似品种。它们的存在不但有利于保持生物的多样性，对研究动物的进化历程也有着独特的意义。在100种EDGE中，最让人忧心的是以白鱀豚为首的10种动物。

一、白鱀豚：在2000万年前离开大海，迁徙至淡水流域，是现存的4种淡水豚之一。

二、长喙针鼹：是地球上最原始的现生哺乳动物之一。

三、河兔：是南非特有兔种。

四、古巴鼩：是一种古老的动物，起源于7600万年前。

五、海地鼩：也是一种古老的动物，生活习性和古巴鼩差不多，曾经广泛分布于海地岛，目前只在岛的北部偶有发现。

六、苏门答腊犀牛：亚洲唯一的双角犀牛，是全球体形最小的犀牛，自200万年前出现以来没有任何改变。

七、黑犀牛：是陆生动物中最强壮的动物之一，出现于6000万年前。

八、双峰驼：野生双峰驼总数不足1000头。

九、毛鼻袋熊——这是世界上最大的洞穴动物，是澳大利亚特有的动物。

十、苏门答腊兔——一种罕有而神秘的动物，留给世人的只是几张影像模糊的照片。

白头海雕 —— 美国国鸟

白头海雕是一种大型猛禽，一只完全成熟的海雕体长可达 0.92 米，翼展长 2 米多，体重可达 5~10 千克。成年白头海雕的眼、嘴和脚为淡黄色，头、颈和尾部的羽毛为白色，身体其他部位的羽毛为暗褐色，美丽而威武异常。

白头海雕为终生配偶制，但如果夫妻中的一个先行死去的话，存活下来的一只会毫不犹豫地接受另一个新的配偶。

白头海雕像其他大多数猛禽一样，是日间捕食性鸟类，常成对出猎，凭借异常敏锐的视力，即使在高空飞翔也能洞察地面、水中和树上的一切猎物。白头海雕以鱼类为主食，所以常栖息于河流、湖泊或海洋的沿岸。它们在河流、湖泊或海洋沿岸的大树上筑巢，年复一年地使用和扩建同一个巢。在巢中，雌雕通常会一次产下 2 枚卵，孵化期 35 天。小雕 3 个月后离巢独立生活。

↑ 白头海雕有着极其敏锐的视觉。

↓ 可爱的白头海雕幼雏

18 世纪初，美国国会中以本杰明·富兰克林为首的部分领导，曾希望将火鸡作为美国国印的饰物。富兰克林指出，白头海雕是一种无耻的机会主义者，它偷食其他鸟类的食物，吃生鱼，还吃腐肉，对人类没有一点儿益处；而火鸡则是一种味道鲜美的家禽。但最后富兰克林还是输掉了这场辩论，1919 年，白头海雕被正式定为美国国鸟。从那时起，美国的国徽和军服上全都印有白头海雕脚握橄榄枝的图案，橄榄枝象征着和平，白头海雕则意味着战争，两者结合在一起象征着集和平与战争两大权力于一身的美国国会。

但是，令人遗憾的是，白头海雕并没有因为它身份和地位的优越而从悲惨的命运中逃脱出来。由于白头海雕全身的羽毛几乎都有经济价值，所以它们经常遭到猎人无情的枪杀。

白头海雕的厄运不止于此，近年来科学家们发现，白头海雕血液中有毒化学物质的含量明显高于其他猛禽。这是因为白头海雕位于一条很长的食物链的顶端，更容易受到各种环境污染的危害。许多白头海雕的生殖器官和脑组织都因而受到损伤。更为严重的是，大量的胚胎常死于母体内过量的有毒化学物质，白头海雕的数量因此而急剧减少。目前，美国正在大力拯救濒危的白头海雕，已卓见成效。

白头鹤——鸟中"修女"

↑ 翱翔的白头鹤

龙文小百科　沼泽

沼泽是指地表经常过湿或有薄层积水，其上长有沼泽植物或湿生植物，并有泥炭形成和积累的地区。

全球沼泽面积约11.22亿平方千米，占陆地面积的0.8%。沼泽蕴藏着丰富的植物、泥炭资源。沼泽的类型大致可以分为三种，即低位沼泽、中位沼泽和高位沼泽。低位沼泽是沼泽发育的初级阶段，泥炭的灰分含量一般超过18%，又叫富营养型沼泽；中位沼泽是沼泽发育的过渡阶段，又叫中营养沼泽；高位沼泽是沼泽发育的高级阶段，泥炭的灰分含量不足4%。

中国东北的三江平原沼泽属于低位沼泽，过去被称为"北大荒"，经过多年的改造，已变成闻名全国的"北大仓"。

↑ 1-2-1，齐-步-走。

白头鹤的别名为锅鹤、玄鹤，属于鹤科，素有"世界神秘珍禽"和"修女"的美誉。主要分布于我国内蒙古、黑龙江等地，属大型涉禽。它们多在长江下游越冬，习惯栖于河口、湖泊、沼泽、湿地中。目前，全世界白头鹤的种群数量估计为9400~9600只，属于国家一级保护动物，被国际鸟类保护委员会列入《世界濒危鸟类红皮书》，是世界上15种最濒危的鹤类之一。

白头鹤是一种非常漂亮的鸟。它们的体羽绝大部分为暗石板般的灰色，并缀有褐色。额部及眼部有密集的黑色刚毛，头顶皮肤裸露呈朱红色。喉部、两颊和颈的上部呈白色。它们的外形像极了戴白巾穿黑衣的修女，动作优雅而舒缓，因此有了"修女"的美誉。

白头鹤属于杂食性动物，喜食小麦、稻谷、莎草科植物根部和甲壳类、小鱼、软体类动物等。

白头鹤在每年4月份开始繁殖，筑巢于沼泽湿地，每窝只产2枚卵。孵卵期约30天。幼鹤的发育较快，80天后就具飞翔能力。

白头鹤的繁衍栖息对生态环境要求极高，既要有森林、湿地，还要有供其觅食的农田。过去，人们只在俄罗斯见过白头鹤繁殖种群，其余白头鹤在哪儿繁殖始终是个谜。所以，为了增加白头鹤的数量，建立合适的保护区是非常重要的，我国在这方面也正在努力工作，并在位于黑龙江省小兴安岭北麓的大沾河上游建立保护基地，保护区是中国目前唯一最为完整的大面积森林沼泽湿地，保存着以原生阔叶混交林、沼泽和水生植物为主要类型的原始湿地生态景观。

相信在人们的不断努力之下，白头鹤的数量一定会大幅度增加。

白尾地鸦 —— 生命绝地的精灵

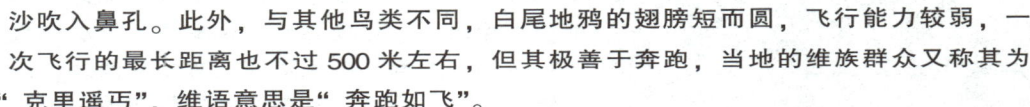

↓ 绝地精灵——白尾地鸦

白尾地鸦有"沙鹊"之称，属于鸟纲，雀形目，鸦科，地鸦属，是乌鸦的远亲。白尾地鸦是我国新疆的独有物种，是国际知名的濒危物种。

白尾地鸦属于小型鸦类，体长约29厘米，上体大部分羽毛为淡沙棕色，翅上泛桃红色，前额、头顶至后颈为黑色，泛金属蓝辉色。整体外形美观大方。

白尾地鸦在外形上的最大特征便是长有鼻孔须，这是白尾地鸦对沙漠环境的适应性表现，可以阻挡风沙吹入鼻孔。此外，与其他鸟类不同，白尾地鸦的翅膀短而圆，飞行能力较弱，一次飞行的最长距离也不过500米左右，但其极善于奔跑，当地的维族群众又称其为"克里遥丐"，维语意思是"奔跑如飞"。

白尾地鸦大概是地球上最不为人所知的物种之一，其栖息地塔克拉玛干大沙漠本身就是充满奇异景观的地方，位于塔里木盆地的中心，是一个极为封闭的环境，被称为"生命绝地"。无垠的沙漠本不适于鸟类生存，而塔里木盆地周边的山地则限制了白尾地鸦向其他地区扩张，但白尾地鸦居然选择了这里作为自己唯一的家园，这实在是令人费解。

白尾地鸦的智慧在鸟类中可谓出类拔萃，它甚至会将发现的食物巧妙地隐藏在沙地中，并扫清遗留的痕迹，不给其他的猎食者留下任何机会。白尾地鸦的巢大多在沙漠的红柳包或者红柳灌木群中，幼鸟由雌雄成鸟共同喂养，每小时喂3~4次，成鸟一天至少要回巢40次。因此，只要发现了鸦巢，就不难发现成年的白尾地鸦。

自1986年起，经过大约20年的积累，考察人员已经对塔克拉玛干沙漠的白尾地鸦的数量做出了较为科学的统计和估算，其结果令人惋惜：目前，白尾地鸦的总量不超过7000只，处于濒危状态。所以，对白尾地鸦的保护刻不容缓。2004年7月，中科院新疆生态与地理研究所的研究人员首次呼吁为白尾地鸦建立保护区，白尾地鸦第一次被纳入国人的保护视野。

← 白尾地鸦的幼鸟正在等待成鸟归巢。

白尾海雕——懒散的神秘"隐士"

↑ 白尾海雕在捕食

白尾海雕,又名白尾雕、黑鹰、黄嘴雕和洁白雕等,生活在沿海地区,数量稀少,已被列为国家一级重点保护动物。

白尾海雕为大型猛禽,它们的性格凶猛。外在特征很明显:头及胸为浅褐色,嘴黄而尾白;翼下近黑的飞羽与深栗色的翼下形成对比;嘴大,尾短呈楔形;飞行似鹫;其与玉带海雕的区别在于尾为白色。幼鸟胸具矛尖状羽毛但不成翎颌。体羽褐色,不同年龄具不规则锈色或白色点斑。白尾海雕叫声很有趣,像小狗或黑啄木鸟的叫声。白尾海雕的食物除鱼外,还有野兔、鼠、幼鹿。在冬天,它们还偶尔捕食狗和猫,甚至能以尸体腐肉和渔场附近的垃圾为食。

白头海雕繁殖期大约为4~6月,每窝产卵2枚,偶见3枚,主要由雌鸟孵卵,孵化期约35天。雏鸟由双亲抚育70~75天离巢。

白尾海雕是一种颇为"懒散"的鸟儿,有的时候竟然蹲立不动达几个小时。飞翔时两翅平直,常轻轻地扇动一阵后接着又是短暂的滑翔,有时也能快速地扇动两翅飞翔。和其他鸟不同的是,白尾海雕的生命力非常顽强,在食物缺乏或者环境很恶劣的情况下,它们可以在长达一个月的时间内不进食而安然无恙。

由于人们很少发现白尾海雕的巢穴,因此它们在繁育后代上显得颇为神秘,犹如"隐士"一般。幸运的是,在1983-1985年间,在黑龙江省陆续发现了白尾海雕的巢穴,为研究及保护这种珍贵的物种起到了极为关键的作用。这些雕巢都坐落在岩崖或大树上,均在距水较近的高大白桦、杨桦树上。为了增加白尾海雕的数量,国内动物园内偶有饲养,但是至今没有成功繁育后代的记录,颇令人遗憾。

更令人担心的是,白尾海雕的数量正在急剧下降,相信每一个看过下面这组数据的人都会有所感触,在我国,人们对白尾海雕的记录是这样的:1986年见到15只,1987年5只,1988年9只,1989年4只,1990年4只。由于种群数量总体较低,所以,仍然需要我们加大力度来保护这个珍贵的物种。

第 1 章

世界珍稀动植物博览

动物篇 DONG WU PIAN

白犀牛 —— 非洲大陆上的"角斗士"

白犀牛有"犀牛之王"之称，是濒临绝种的保育类野生动物，属于草食性动物，麦片、粒状饲料、苜蓿草粒、青牧草等都是白犀牛的最爱。

白犀牛有两个亚种：北部白犀牛和南部白犀牛。北部白犀牛生活在刚果民主共和国的瓜兰巴国家公园里，而南部白犀牛一直以来都被认为已经灭绝，直到 1895 年在南非被发现。今天，南部白犀牛主要生活在南部非洲的保护区内，博茨瓦纳、纳米比亚、斯威士兰、津巴布韦和莫桑比克也有少量分布。目前，野生白犀牛仅生长于乌干达和向北的尼罗河上游，仅存约 4000 头。

那么，白犀牛的名字是怎么来的呢？是因为它是白色的吗？其实，白犀牛并不是白色的，而是蓝灰色或棕灰色。

黑犀牛和白犀牛其实在颜色上没有多大区别，主要的分别是在嘴巴上。黑犀牛吃树叶，嘴巴是"V"字形的；而白犀牛吃草，嘴巴是半圆形的。而且，白犀牛体形较大。

↑ 正在努力地标示自己领地的白犀牛

↓ 黑犀牛

↓ 草原上悠闲的白犀牛

015

↑ 看我的角

→ 牛鹭是白犀牛的"私人医生"

从外表上看，白犀牛体色由黄棕色到灰色，耳朵边缘与尾巴有刚毛，其余部分则无毛，上唇为方形。犀牛的视力很差，主要依靠听觉和嗅觉，奔跑时速可达 40 千米。白犀牛通常成群地活动，群中通常是母犀牛与小犀牛，成年的雄犀牛则多半是独居。

白犀牛的性格很温和，如果别的动物不去招惹它，它通常都不会主动地发起攻击。但是，白犀牛的领地意识很强，它们会以撒尿及散布粪便的方式来标识自己的领地，在争夺领地时，会互相用角攻击。

白犀牛的鼻梁上长着两只奇特的角，前角长而向后弯，一般长度在 80～100 厘米之间，最长纪录已超过 1.5 米；后角长度一般在 50 厘米以下。

白犀牛身体庞大，四肢粗壮，皮肤坚硬，看起来很威武，但是它却很需要一个"助手"——犀牛鸟。它们总是和和睦睦，朝夕相处。这种犀牛鸟叫牛鹭，专门"伺候"犀牛。原来，犀牛的皮肤上有许多皱褶，皱褶下面的皮肤非常娇嫩，神经、血管密布其间；加上它喜欢在水泽泥沼中滚爬，时间久了，皱褶里就会滋生各种寄生虫，叮咬它的皮肤，疼痒难忍。停歇在犀牛背上的犀牛鸟，有尖长的嘴巴。它们常结成小群，在犀牛背上跳来跳去，有时它还跑到犀牛的肚子下面或腿之间，或毫不客气地爬到犀牛的嘴巴或鼻尖上去，不停地啄食犀牛皮肤皱褶里的小虫。这样既填饱了自己的肚子，又清洁了犀牛的身躯。所以人们常称这些犀牛鸟为犀牛的"私人医生"。由于犀牛眼睛很小，视力差，所以每当发生险情时，这些视觉良好的鸟类"盟友"便会立即向自己的伙伴发出警报，先是跳到它的背上，然后飞起来，大声啼叫并在上空盘旋，这时犀牛就会进入"戒备状态"了。所以也有人把犀牛鸟称为犀牛的"警卫员"。

→ 母子同行的白犀牛

第1章

世界珍稀动植物博览

动物篇 DONG WU PIAN

白枕鹤——红脸"旅行家"

白枕鹤又叫红脸鹤、红面鹤，是大型涉禽，为冬候鸟。目前，数量已极为稀少，据载不足百只，属于国家二级重点保护动物，也是《中日候鸟保护协定》中的保护鸟种。

白枕鹤体长约140厘米，嘴为黄绿色，脚为红色。其前额、头顶前部、头的侧部以及眼睛周围的皮肤裸露，均为鲜红色，其上着生有稀疏的黑色绒毛状羽，这也是它们被叫做"红脸鹤"或者"红面鹤"的原因。白枕鹤的嘴、颈和腿特别颀长，头的顶部、枕部和颈背部呈现白色则是它的明显特征。此外，围有黑圈的红颊和灰色的羽毛也与其他鹤色迥然不同。它们的尾羽为暗灰色，末端具有宽阔的黑色横斑。翅膀上的初级飞羽为黑褐色，具有白色的羽纹。

和其他的鸟类相比，白枕鹤的叫声是非常嘹亮的。鹤鸣高亢的奥秘是什么呢？原来它的气管特别长，盘绕成环，鸣叫的气流从肺部冲出，振动发声器官，并且在弯长的气管中产生了极大的共鸣。唐朝诗人刘禹锡曾作诗咏道："自古逢秋悲寂寥，我言秋日胜春朝。晴空一鹤排云上，便引诗情到碧霄。"这便是对白枕鹤的写照。如此高亢的叫声，且在空旷而秋高气爽的时节，无疑给了多愁善感的文人以凄凉之感。

正是由于白枕鹤俊逸独特的外形，自古以来，它便被认为是吉祥和长寿的象征，是神仙圣人的伙伴，受到大家的尊敬爱护，有"仙鹤"的美名。早在1700多年前，我们的古人就注意到了它的特征。西晋陆机《毛诗义疏》说："鹤形状大如鹅，多纯白或有苍色者，今人谓之赤颊。"之后约800年，宋人罗愿又在《尔雅翼》中作了同样的记载。苍色是一种发蓝的青色，亦可指灰白色，所以古人称白枕鹤为苍色、赤颊，是比较准确的。

↑ 珍稀的白枕鹤

↑ 爱美的小家伙长大了，脸还没变红哦。

→ 可爱的白枕鹤雏鸟

龙文小百科 冬候鸟

冬候鸟是候鸟的一种。候鸟指的是那些可随着1年中季节的改变而迁徙变换栖息地的鸟类。具体来说，冬候鸟指冬季在某一地区越冬，次年春季飞往北方繁殖，幼鸟长大后，正值深秋，便又飞临原地区越冬，对该地区而言，这类鸟称冬候鸟。如鸿雁、天鹅、野鸭等在我国长江中、下游即为冬候鸟。大多数候鸟有南北迁徙的习性，飞行距离有近有远，最远的能跨洋过海，如游隼，可从西伯利亚经中国直达澳大利亚。此外，也有极少的候鸟可由西往东飞行或由东向西飞行。

白枕鹤多栖息于开阔的平原芦苇沼泽和水草沼泽地带，也栖息于开阔的河流湖泊岸边以及邻近的沼泽草地，有时出现于农田和海湾地区，尤其是在迁徙季节。多以家族群或小群活动，偶尔也见单独活动的，迁徙和越冬期间则多由数个或十多个家族组成大群活动。

白枕鹤的繁殖期为5~7月。3月末到达繁殖地时大多成对或成族群活动。由雄鸟和雌鸟共同营巢，但以雌鸟为主。

白枕鹤的巢很考究，呈浅盘状，主要由枯芦苇、三棱草、苔草、莎草和芦苇花、叶等构成。它的领域意识极强，在繁殖期，孵卵的亲鸟也常常伸头观望，稍有危险便悄悄地从巢中走出来，到离巢50米以外之后才突然起飞，使来犯者难于找到它的巢。当然，这个特征也和白枕鹤机敏、警惕性高的特点是分不开的。

和其他鸟类相比，白枕鹤的雏鸟为早成性，约28~32天幼鸟就能破壳出生，2~3小时就可走动，8小时后即可进食，20小时后便跟双亲离巢活动。白枕鹤的寿命为40~50年。

近年来，由于它们的生存环境逐渐恶化，加之一些人的肆意捕杀，白枕鹤的数量已大为减小。为了保护这种美丽的鸟儿，人们正在做着各种努力。

↓ 展翅高飞的白枕鹤族群

斑马 —— 来自非洲的素颜者

斑马属奇蹄目，马科，斑马属，主要产在非洲东部、中部和南部。斑马的外形与一般的马没有什么两样，因身上有起保护作用的斑纹而得名。斑马共有3种，即山斑马、普通斑马和细纹斑马，三种斑马的生活习性都差不多，从它们身上的斑纹图式、耳朵形状及体形大小即可将其区分。

虽然都是斑马，身上也都有花纹，但它们的样子以及生活习性等还是或大或小地存在着差异。

从外形上看，南非所产的山斑马，除腹部外，全身密布较宽的黑条纹，雄体喉部有垂肉；非洲东部、中部和南部所产的普通斑马，由腿至蹄具条纹或腿部无条纹；分布于索马里、埃塞俄比亚南部至肯尼亚北部的细纹斑马是斑马中体形最大的，横纹的线条最细，形态优美。

从生活习性上看，山斑马喜在多山和起伏不平的山岳地带活动；普通斑马栖于平原草原；细纹斑马栖于炎热、干燥的半荒漠地区，偶见于野草焦枯的平原。

斑马是很胆小的动物，它们性格谨慎，通常结成小群游荡，但是，还是很难躲过狮子的捕食。

斑马身上漂亮的条纹是怎样形成的呢？为什么同是斑马，每个斑马身上的斑纹又不一样呢？

↑ 斑马常常结成小群游荡。

原来，在雌斑马的妊娠早期，一个固定的、间隔相同的条纹形式就已经确定在胚胎之中了。以后在胚胎发育的过程中，由于身体各部位发育的情况不同，所以幼崽出生后，各部位所形成的条纹也就不一样了，有的较宽，有的狭窄。例如斑马颈部的条纹较宽，那么颈部的最早条纹形式必须在胚胎发育的第七个星期、颈部伸长之前确定。另一方面，条纹也不能早于胚胎发育的第五个星期之前出现，因为斑马长着一条具有条纹的尾巴，而这条尾巴在胚胎发育的第五个星期以前尚未出现，这时胚胎的长度大约为 32 毫米，条纹的数目约为 80 个，据此可以推算出最初确定的每个条纹的宽度大约为 400 微米，即每一个条纹有 20 个胚胎细胞的宽度。至于它四肢上的条纹为什么呈水平方向，则可能是腿部在胚胎发育过程中，所有的条纹机械地转过一个角度而形成的。

↑ 警惕的斑马一家

那么，斑马身上漂亮而雅致的条纹又有什么作用呢？

首先，斑马身上的条纹是同类之间的一种颜色语言。当斑马和其他动物混在一起的时候，使同类间容易识别，而且，当有危险发生时，只要头马一动，其他所有斑马就能迅速地一起逃跑，也就是说，这种条纹对同类来说具有引起注意的作用。

另外，这种条纹也是一种保护色，是长期适应环境和自然选择而逐渐形成的，因为历史上也曾出现过一些条纹不明显的斑马，由于目标明显，所以易于遭到天敌的捕杀，终致灭绝。只有那些条纹分明、十分显眼的种类尚能生存到现在。

这和大家想象的就不一样了，因为在大家的印象中，斑马身上的条纹是很显眼的，怎么会起到保护斑马的作用呢？

原来，这和非洲草原的独特环境以及阳光的反射是分不开的。在开阔的草原和沙漠地带，这种黑褐色与白色相间的条纹，在阳光或月光照射下，反射光线各不相同，起着模糊或分散其体形轮廓的作用，一眼望去，很难与周围环境分辨开来。这种不易暴露目标的保护作用，对动物本身的安全是十分有利的。

另外，斑马身上的条纹还有更多意想不到的作用。近年来的研究认为，斑马身上的条纹可以分散和削弱草原上的刺刺蝇的注意力，是防止它们叮咬的一种手段。刺刺蝇是传播睡眠病的媒介，它们经常叮咬马、羚羊和其他体色单一的动物，却很少威胁斑马的生活。

北美红眼雀——叽叽喳喳的林中鸟

北美红眼雀属雀形目，雀科，是一种非常喜欢热闹的鸟类，总是吵吵闹闹地躲在丛林中觅食。产于加利福尼亚的褐色红眼雀数量稀少，已被美国有关野生动物保护组织列入濒危动物名单。

比较常见的是产于美国东南部的红眼雀，它的体长大约20厘米。它们主要分布在加拿大到美洲中部地区。头黑色，尾巴尖上有白色，身体两侧铁锈色。产于美洲西部的红眼雀翅膀上有白色的斑点。色彩单调的褐色红眼雀也是美洲西部常见的品种。此外，还有绿尾红眼雀也产于北美西部地区，头呈红褐色，羽毛呈灰色、白色和绿色。

↑ 数量已极为稀少的褐色红眼雀

歌鸲——模范夫妻

歌鸲，又叫歌鸫，是鹟科，鸫亚科，歌鸲属大部分种的统称。它们多生活在灌丛中，主要以昆虫、蠕虫等为食，有时也吃野果等。

歌鸲通常体形玲珑，如麻雀般大小，羽色艳丽，善于鸣叫，它们一年到头唱个不停，歌声高昂而婉转。其中有些种类因常在夜晚婉转鸣叫，而被人们称作"夜莺"。美洲歌鸲便是很出名的一种，它主食蚯蚓、昆虫和浆果。查塔姆岛歌鸲等3种歌鸲因数量极少已被列入濒危物种。

歌鸲通常把窝筑在墙壁、河堤和树木的洞里。在繁殖季节一窝产5~6个白色蛋，而且小鸟孵化的速度是非常快的，通常情况下，由雌鸟孵化13~14天小鸟就会出世。在这期间，雌鸟和雄鸟非常恩爱，尤其是在孵化期，雄鸟有时还会给雌鸟喂食，照顾得非常细致，俨然是一对"模范夫妻"。

↑ 我们有美丽的衣裳。

↓ 我们都是歌唱家。

长臂猿 —— 空中技巧项目的冠军

↑因臂长而得名的长臂猿

↓思想者

长臂猿属哺乳纲，灵长目，长臂猿科，全球约有9种，主要分布于东南亚地区，较常见的有3种长臂猿：白手长臂猿，主要分布于我国云南，也见于泰国、缅甸、柬埔寨、马来半岛和苏门答腊；白眉长臂猿，主要分布于我国云南，也见于缅甸和印度（阿萨姆邦）等地；黑长臂猿，分布于我国海南、云南，也见于越南、老挝和泰国等地。在我国，各种长臂猿均为国家一级保护动物。

长臂猿的体长为46~64厘米，前肢很长，两臂伸展可达1.8米，直立时几乎可达地面，因此而得名。其没有尾和颊囊。不同种类、性别和年龄的长臂猿毛色差异很大，雄猿一般为黑、棕或褐色，雌猿或幼猿色浅，为棕黄、金黄、乳白或银灰色。白手长臂猿的手和脚及脸周围为白色，白眉长臂猿的眉脊有白色的眉毛，有的黑长臂猿亚种的冠毛色黑而直立。

长臂猿的形态构造、生理机能和生活习性比较接近于人类。长臂猿身材窈窕，两臂修长，动作灵巧，穿林过树如同鸟飞。它的一只手抓住这棵树的树枝，悬在半空，缩起双腿，身子摆一摆，荡一荡，一发力，另一只手已抓住十几米外的另一根树枝。眨眼间，它接连飞过几棵树，吊在远处一根树枝上，一边荡着秋千，一边摘野果子吃。长臂猿在空中的飞行动作好像闪电划长空、春燕穿杨柳，宛若雄鹰掠奔兔、惊鱼游浅底，又高、又飘、又稳、又准，干净利索，轻盈优美。如果能让它参加世界上的任何体操比赛，空中技巧项目的冠军非它莫属。长臂猿喜欢啼叫，早晨太阳初升时成年猿首先啼叫，最后全体共鸣，声音悦耳，数里之内都可以听到。

长臂猿多栖息在亚洲热带森林，营集群生活，善于在树上活动，在地上能双足行走，喜食野果、树芽、嫩叶及花，亦食昆虫、鸟卵等。

和其他动物相比，长臂猿的感情是很丰富的，甚至可以说其懂得喜怒哀乐。当猿群中有受伤、生病或死亡的情况发生时，在相当长的时间里，它们不再歌唱嬉闹，似是用沉默的方式寄托对同伴的同情和哀思。

令人担忧的是，现在长臂猿的数量正在不断地减少，这个独特的物种正在迅速衰退，所以人类应当加强对它们的保护。

长颈鹿——文雅的"巨人"

长颈鹿产于非洲，分布于非洲撒哈拉沙漠以南地区，生活在稀树草原和森林边缘地带，是非洲热带草原上一道亮丽的风景。据古生物学家研究推断，长颈鹿最初起源于亚洲，特别是中国和印度的一些地方。现在，野生长颈鹿的数量已经非常稀少了，是世界上极为珍贵的动物。

在非洲草原上，高高的长颈鹿就像一座座流动的瞭望塔。长颈鹿是现存最高的动物，雌鹿高约4米，雄鹿高约6米。长颈鹿的脖子虽然很长，但是其颈椎骨的生物构造和其他动物是一样的，数量同其他哺乳动物一样也是7块，只是每块要长得多。长长的脖子对长颈鹿颇多助益，在辽阔的大草原和半沙漠地区，身材高就意味着可以看得更远，更容易发现敌人，方便自己及时逃跑。另外，长长的脖子也利于它们进食，但是雌雄长颈鹿进食的方式不同。雄鹿伸长脖子吃最高处树枝上的叶子，而雌鹿俯身吃矮灌木上的叶子。

长颈鹿的体长约4米，尾长80多厘米，肩高2.5~3.7米，体重550~1800千克。长颈鹿的嘴唇非常灵活，而且它的舌头伸长时竟然超过46厘米。且它的嗅觉、听觉敏锐、性情机警、胆怯，平时走路悠闲，但奔跑迅速。

长颈鹿生性胆小怯懦，恬静而温和。黑色长睫毛遮着深棕色的大眼睛，看上去温柔羞涩、含情脉脉。长颈鹿属群居动物，它们甚至可结成70只左右的大群漫游觅食，但多数为12~15只的小群。有时也和斑马、鸵鸟、羚羊混群。长颈鹿虽然表面上看起来很温顺，但是可千万别小看它，如果一只成年的长颈鹿向非洲狮飞起一腿，一旦击中狮头，那么狮子一定会头盖骨顿时粉碎，一命呜呼。

长颈鹿那么长的脖子，该怎么睡觉呢？长颈鹿腿长脖子也长，躺下和站起来都很不容易，所以常常站着睡觉，其实很多动物都和长颈鹿一样是站着睡的。好在动物大都不需要很长的睡眠时间，一般打个盹就行了，一天大概只睡30分钟。当然，有时长颈鹿在觉得周围很安全的时候，也会躺下来睡觉，把脖子转向后面。长颈鹿睡觉时头紧靠在屁股上，看起来很舒服。但是，如果遇上突然袭击，这样的姿势会让它很难快速站起来逃跑，容易被猎杀。

因脖子长而得名的长颈鹿

长尾雉——空中"杂技演员"

长尾雉是鸟纲，雉科，长尾雉属的各种鸟的通称。长尾雉是我国的特产鸟，共有4种，其中较常见的为白冠长尾雉，终年留居在我国中部及北部山区，属国家二级保护动物。其他3种长尾雉为白颈长尾雉、黑颈长尾雉和黑长尾雉，由于数量极少，已被列为国家一级保护动物。

长尾雉是一种非常漂亮的禽类。通常，雄鸟头顶呈褐绿色，两侧有白色眉纹；上体背羽为紫栗色并具有黑斑；肩羽具有宽阔的白色斑块；下背、腰、尾上覆羽为白色具有蓝黑色斑；翅羽为暗褐色；尾长，尾羽为灰色具有黑栗二色并列的横斑；下体腹部与两肋为栗色；嘴角为黄色；脚为黄灰色。雌鸟则体羽呈棕褐色，满布黑色斑纹；上背有白色矢状斑；外侧尾羽大都为栗色。

→ 身穿"礼服"的黑长尾雉

长尾雉多栖息于海拔500~1000米的岩山坡上的开阔草地、疏林内。3~4月间多见一雄二雌结群活动，并开始筑巢产卵，巢筑于地面，每窝产卵多为7~9枚，卵为浅肉色或略带枯叶色，光滑、无斑点。孵卵期约28天，由雌鸟单独孵化。

长尾雉的得名与它们长长的尾巴是分不开的。那么，这长长的尾巴对它们的生活是否有重要作用呢？原来，长尾雉性情胆小机警，一遇危险情况会立即急速飞逃。由于尾羽很长，它们起飞时一般先向上飞，待超过树冠后，再以高速向前直飞很长一段距离。长尾雉还有一套在快速飞行中骤然停止的本领，当它由一棵树飞向另一棵树并准备降落时，它可以利用长尾作控制，把身体向后一转，使扩张的两翅和尾巴"抵"住空气，一下子平平稳稳地落在树枝上，像极了一个高超的"杂技演员"。

在中国，长尾雉的尾巴被广泛地应用到了艺术舞台上。在京剧古装戏中，扮演周瑜、吕布、穆桂英等古代将帅的演员，头盔上都配戴有一对长长的羽毛，它增添了元帅或大将的威武风度，使观众赏心悦目。这对长羽称作"雉鸡翎"，这便是雄性长尾雉的尾羽。

长尾雉的尾巴还有一个妙用，就是可以吸引异性的注意。人们不禁要问，既然尾羽越长越有利于求偶繁殖，雄雉的尾长为什么不继续加长呢？从进化论的角度看，过长的尾羽反而不利生存，这是因为尾羽的长短不仅与求偶繁殖有关，它还受到诸如飞行是否便利、是否易被天敌发现等各种因素的制约。

穿山甲——身披铠甲的"土行孙"

穿山甲，别名鲮鲤，属于鳞甲目，穿山甲科。主要产于我国长江以南地区至台湾省，以及越南、缅甸、尼泊尔等地。穿山甲已被列为国家二级重点保护野生动物，并被列入《中国濒危动物红皮书·兽类》中，世界自然保护联盟将穿山甲所有种类都列入《濒危野生动植物种国际贸易公约》附录Ⅱ中。

穿山甲的体形狭长，体长一般为 40~55 厘米；尾扁而粗，一般长 27~35 厘米；头呈圆锥形，吻尖，无齿，舌细长，能伸缩，带有黏性唾液；体和尾有角质鳞。觅食时，以灵敏的嗅觉寻找蚁穴，用强健的前肢爪掘开蚁洞，将鼻吻深入洞里，用长舌舔食蚂蚁。外出时，幼兽伏于母兽背尾部。受惊的时候，穿山甲会缩成一团，卷成球形。

↑ 穿山甲就是动物界的"土行孙"。

穿山甲多在夏初交配，孕期约 270 天，冬末或春初产崽，每胎 1~2 崽。

穿山甲一般多栖息于山麓、丘陵或灌木丛、杂树林、小石混杂泥地等较潮湿的地方，挖洞居住，多筑洞于泥土地带，洞道深邃，巢位于长长洞道的末端，穿山甲深居其中，真如会土遁的"土行孙"。

中国古人很早就开始关注穿山甲了，根据陶弘景的《本草经集注》记载，穿山甲"能陆能水，日中出岸，张开鳞甲如死状，诱蚁入甲，即闭而入水，开甲蚁皆浮出，围接而食之"。在这几句不多的言语中，透露出穿山甲在捕食蚂蚁时独特而高超的技巧。

穿山甲的存在极大地维护了生态的平衡。由于穿山甲是以猎捕蚁类等害虫为食，所以其对森林、农作物及维护自然生态都有保护作用。另外，穿山甲的药用价值也很高，它是名贵的中药材原料，是我国 14 种重要的药用濒危野生动物之一。据《本草纲目》记载，穿山甲"除痰疟寒热，风痹强直疼痛，通经络，下乳汁，消痈肿，排脓血，通窍杀虫。"但由于人们对其肆意捕杀和其栖息地遭破坏，穿山甲数量急剧下降，濒于灭绝。对此，我国政府及国际社会给予了广泛的关注和重视，现已严禁捕猎这一珍贵的动物，使其得以休养生息，数量逐渐回升。

↑ 穿山甲母子外出啦

达尔文美洲鸵——温和的奔跑健将

美洲鸵也称"鹈鹕",美洲鸵科,美洲鸵属。达尔文美洲鸵产于从秘鲁南方到巴塔哥尼亚的高地,属濒危动物。

从外在特征上看,达尔文美洲鸵的体形比鸵鸟小,普通美洲鸵站高大约1.2米,体重约20千克,雄鸟体长1.5米。头顶、颈后上部和胸前的羽毛均为黑色,头顶两侧和颈下部为黄灰色或灰绿色,背胸两侧和翼为褐灰色,其余部分呈灰白色。褐色的大眼睛上有浓密的黑睫毛。除了体形更小一些以外,达尔文美洲鸵与鸵鸟的区别还在于它的脚上有三趾,而鸵鸟只有两趾。

达尔文美洲鸵常在没有树木的平原上出没,它们什么都吃,包括多种动物和植物。碰到猛兽时,它们就会拼命奔逃,速度惊人。

达尔文美洲鸵没有固定的配偶。雄鸟常常会同时孵化几只雌鸟在一个窝里下的蛋。窝由雄鸟在地面上挖成,比较浅,上面铺一些草。雌鸟在里面每窝下大约50个长约13厘米的蛋。小美洲鸵在孵化6个星期以后出世,然后由雄鸟抚养6个星期左右。如有外来者窥视,它会发出愤怒的吼声或嘶嘶声驱赶来犯者。小美洲鸵在出世6个星期左右,就可以和成鸟一起奔跑。为了躲避危险,它们会躺在地下隐蔽起来,只把头伸出来。这种习性后来被人误认为是鸵鸟在遇到危险时,会把头埋在沙土里。

达尔文美洲鸵的性格非常温和,常和鹿、鸵鸟、斑马和羚羊等做伴。

↑可爱的美洲鸵

← 达尔文在南美海域看到了两种不会飞行的大鸟,为纪念达尔文,其中一种被命名为"达尔文美洲鸵"。

↑小美洲鸵出世了,它对这个世界充满了好奇。

第1章 世界珍稀动植物博览 动物篇 DONG WU PIAN

大鸨——"绯闻"多多的鸟

大鸨，又名地鵏、老鸨，属雀形目，鸨科。是我国一级保护鸟类，国际鸟类保护委员会已将其列入世界濒危鸟类红皮书。

大鸨的雌雄体形相差十分悬殊，是现存鸟类中差别最大的种类。雄鸟体长为75~105厘米，翼展达2米以上，体重为10~15千克，下颌的两侧还生有细长而凸出的白色羽簇，状如胡须。雌鸟体形较小，体长不足50厘米，体重不到4千克，没有胡须状物。大鸨的鸣管已退化，因此不能鸣叫。

大鸨主要以植物的嫩叶、种子、蛙、昆虫以及其他小动物等为食。大鸨通常成群一起活动，其虽看似笨拙，却十分机警，昂首观察周围动静，以防敌袭。

大鸨虽是一种鸟类，但它或许是鸟类中"绯闻"最多的一种了，在民间有这样的说法：雌大鸨没有自己固定的伴侣，行为放荡，是一种能和任何其他雄鸟都成亲的"万鸟之妻"。《国语》中说："鸨，纯雌无雄，与它鸟合。"就连李时珍在《本草纲目》中也说："闽语曰鸨无舌，……或云纯雌无雄，与它鸟合。"所以后世逐渐称妓女曰"鸨儿"，妓女之养母曰"鸨母"。不过，估计大鸨也不会想到由于自己的一些天然习性而被人类冠以"风流"的名声。

由于大鸨的体形大，肉和羽毛具有极高的经济价值，过去一直是狩猎对象，这导致其种群数量急剧下降，在一些国家或地区已经绝迹或成为濒危物种。

为了挽救大鸨，人类正在积极改善它们的生存环境。国际鸟盟于1997年在喀什发起"亚洲大鸨保护行动计划"；第一届"大鸨保护国际研讨会"于同年9月12~15日在俄罗斯联邦赤塔州达乌尔斯克国际生物圈保护区举行；我国也已建立了数百处濒危动物自然保护区，使相当一部分濒危动物得到切实保护，大鸨数量也得到明显增加。

↑ 大鸨的爱情

大灵猫——"身揣香包"的"夜行侠"

← 野外的大灵猫　↑ 大灵猫标本

大灵猫别名九节狸、灵狸、麝香猫，属于食肉目，灵猫科。

大灵猫是灵猫科中体形较大的一种，最长可达1米左右，体重6~10千克。它体形细长，四肢较短，尾长超过体长的一半。头略尖，耳小，额部较宽阔，沿背脊有一条黑色鬃毛。体色棕灰，杂以黑褐色斑纹，颈侧及喉部有3条波状黑色细纹，中间夹有白色宽纹，四足为黑褐色。尾上还有5~6条黑白相间的色环。

雌雄两性会阴部具有发达的囊状腺体，其分泌物就是著名的"灵猫香"。灵猫香是一种乳白色黏液，离体后不久转变成深褐色。香膏的分泌量在两性中的差异是非常显著的，雄性要比雌性多3倍左右。每当外出活动时，大灵猫常把香膏涂擦在它活动领域内的灌木枝、树干、突兀的石壁上，起到与其他灵猫彼此传递信息的作用。

大灵猫生性机警，听觉和嗅觉都很灵敏，善于攀登树木，也善于游泳，为了捕获猎物其经常涉入水中。它是一种杂食性的动物，主要以昆虫、鱼、蛙、蟹、蛇、鸟、鸟卵、蚯蚓以及鼠类等小型哺乳动物为食，也吃植物的根、茎、果实等，有时还会潜入田间和村庄，偷吃庄稼以及家鸡等。捕猎时多采用伏击的方式，有时将身体没入两足之间，像蛇一样爬过草丛，悄悄地接近猎物。

大灵猫生性孤独，喜夜行，主要栖息于海拔2100米以下的丘陵、山地等地带的热带雨林、亚热带常绿阔叶林的林缘灌木丛、草丛中。平时营独栖生活，喜欢居住在岩穴、土洞或树洞中，昼伏夜出。活动时喜欢沿着窄小道路或田埂上行走，除了意外情况外，大多数仍然按照原来的路线返回洞穴，这种特殊的定向本领，正是靠它的囊状香腺分泌出的灵猫香来指引的。

从大灵猫香囊中刮出的香膏呈奶油状或像没有颜色的菜油，是香料工业上的一种定香剂，在调配高级香精过程中作为必不可少的动物香料而被广泛使用。

大灵猫曾在世界范围内广有分布，但由于人们对灵猫香以及对其毛皮的占有欲望，使它们不断被猎杀，如今已颇为罕见，在我国已被列为国家二级保护动物。

第1章

世界珍稀 动植物 博览

动物篇 DONG WU PIAN

大熊猫 —— 中国国宝

← 叫人如何不爱它

↓ 渴了

大熊猫独产于我国，是中国的国宝，更是世界上最珍贵的动物之一，被誉为动物界的"遗老"和最珍贵的"活化石"。

大熊猫主要分布于四川西北的深山密林。据估算，大熊猫的总数只有1000只左右。在世界上除了我国有野生大熊猫外，只有少数几个国家的大型动物园里饲养着一两只，而这些被珍养在动物园中的大熊猫还都是我国作为国礼赠送的。由于大熊猫极其珍贵，所以世界野生动物基金会在1961年就选定大熊猫作为该会的会徽。

大熊猫虽然珍贵，但是人们发现它却不是很久远的事情，而且发现大熊猫的过程中还有一段鲜为人知的故事呢。1869年，法国的一位传教士戴维来到中国。这年3月，他在四川省宝兴县的一户农民家里看到一张兽皮，这张兽皮只有黑白两色，戴维对此大感意外。10余天后这位农民又捕回一只动物，这只动物的皮与那张皮完全一样，除了四脚、耳朵、眼圈周围是黑色外，其他部位的毛色都是白色。戴维就确认它是熊属中的一个新种。所以可以这样说，动物学界的人士于1869年才首次发现大熊猫。

大熊猫是一种非常古老的动物，有300万年的历史！它曾经在地球上分布很广，和凶猛的剑齿象是同时代的动物。后来，由于地球环境的恶化，气候越来越冷，进入到第四纪冰川时期，许多动植物都被冻饿而死，唯有大熊猫等极少数生物躲进了食物充足、能够避风而又与外界隔绝的高山深谷，顽强地活了下来。几百万年来许多动物都在不断地进化，与原始模样相比早已面目全非，而大熊猫却保持了它的本来面貌。

029

↓一对"活宝"

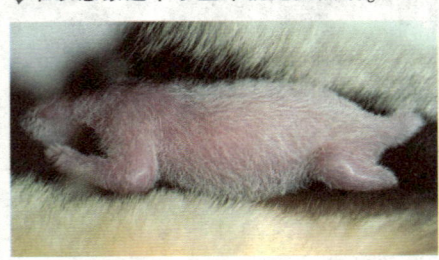
↓难以想象这个小生命就是大熊猫。

大熊猫刚刚生下来的幼崽并不大,其体重仅在70~180克之间,但它的生长速度很快,到一个月时体重能达到1500克,半年时则可达14千克左右,而到一岁时更重达35千克左右。

大熊猫主要以竹为食,其对竹笋、竹叶、竹竿都来者不拒,而且食量惊人,一只大熊猫每天要吃掉20~30千克竹子。但你可不要误认为它是"素食主义"者,它也食肉,像鼠、羊、猪,甚至连猪、羊的骨头都是它的美味佳肴。大熊猫吃得多,一只大熊猫每天要用12个小时以上的时间进食,有时长达16个小时以上,但可惜的是吸收得并不多,原因是它的消化力差,肠道也比较短,更不像牛、羊等食草动物那样有复胃,因此大熊猫吃下的食物很快就通过消化道排出体外了,为了维持生存,它只有不停地吃。由于竹子是大熊猫的最好的美味佳肴,所以这种相对来说较为单一的食物习惯也使得它们的生存能力降低。比如1975—1976年间,在四川北部地区和甘肃南部一些地区发生了大面积的竹林开花枯萎现象,以食竹为生的大熊猫由于无竹可食,竟被饿死了130多只。

大熊猫憨态可掬,但实际上,大熊猫性情孤独,不喜群居,独来独往是它的生活习性之一。即便是雌性大熊猫在产崽后,只将幼崽带在身边生活一年左右的时间,母子就不再结伴而居了。只有在繁殖期到来时,它们才会去寻找异性伙伴。然而,大熊猫发情期极短,一只成年大熊猫每年也就几天的时间。雄性、雌性大熊猫发情期不尽相同,而它的择偶性又很强,从不随意结交异性伙伴。此外,雌性大熊猫每胎只产1~2只崽,而它又只具备喂养1只幼崽的能力,这些因素综合在一起就使大熊猫变得极为稀有了。

大熊猫以其稀有而珍贵,并且样子可爱而受到了人们的喜爱,同时也获得过不少无可比拟的殊荣:在1990年举行的亚运会上,大熊猫被定为大会的吉祥物;1984年第23届奥运会在洛杉矶举行,为了给大会增添隆重、热烈的气氛,洛杉矶市政府特地向我国借了一对大熊猫,该市动物园更因此比往年多接待了100多万参观者,而参观者大多要排队等上4个小时左右,才能与大熊猫见面3分钟;1978年我国赠送给日本的大熊猫"兰兰"不幸病故,1亿多人口的日本国竟有3000万人为大熊猫致哀,日本首相也在哀悼者的行列。世界人民这样珍视大熊猫,作为大熊猫故乡的中国人,我们更应当爱惜保护这种特有的国宝。

戴胜 —— 又懒又臭的"山和尚"

戴胜，俗称"山和尚"、"呼呼哼"等，属鸟纲戴胜科，在中国的绝大部分地区都有分布。

从外形上看，戴胜的体长约为30厘米，具有长而尖的耸立型棕栗色丝状冠羽。头、上背、肩及下体为浅棕色，两翼及尾具有黑白或棕白相间的条纹。喙长且下弯，虹膜为褐色，嘴、脚为黑色。

戴胜主要觅食地面上的各种昆虫、蠕虫和幼虫，以半翅目、鞘翅目、鳞翅目类昆虫为主，所食害虫有金针虫、天牛幼虫、蝼蛄、行军虫等森林害虫。因此，戴胜是林业、农业益鸟，对其加以保护是非常必要的。

戴胜性情活泼，能适应多种环境，在山地、平原、林区、草地、农田、村边、果园、甚至石滩均能生存。当它鸣叫或受到惊吓时，羽冠会高高竖起再慢慢落下，非常有趣。鸣叫时上下点头，繁殖季节，雄鸟偶尔会有银铃般悦耳的叫声。

戴胜的繁殖期在每年4~6月间，营巢于树洞中或在岩隙、岸堤、柴堆下面以及断瓦颓垣的窟窿里，巢主要由杂草、树叶等构成，杂以枝、根、羽、兽毛以及其他杂屑等。每窝产卵5~9枚，卵为椭圆形，乳白略沾灰或绿色。

羽毛漂亮的戴胜却懒得出奇，不爱清理雏鸟的粪便，因而巢内常是脏物堆积、臭气四溢，加之其尾脂腺能分泌一种恶臭的油液，所以又有"臭姑鸪"之名。

由于戴胜时常出没在人迹罕至的荒野和墓地附近，以它那长而弯曲的嘴掘取地面或是腐朽棺木中的昆虫，不明就里的人还以为它们以坟墓中的尸体为食，所以在一些人的眼中，戴胜是一种不吉祥的鸟。

↓ 美丽的外表，恶劣的卫生习惯？

↑ 戴胜头部夸张的羽冠非常有特色。

↑ 戴胜主要以昆虫为食，在树洞和墙窟窿中筑巢。

丹顶鹤——长寿仙鸟

丹顶鹤，别名仙鹤，属鸟纲，鹤科。主产于黑龙江、辽宁及俄罗斯西伯利亚东部和朝鲜半岛，迁至长江下游一带越冬，在河北、山东为旅鸟，台湾省偶见冬候鸟，黑龙江的扎龙自然保护区可以说是丹顶鹤的故乡。丹顶鹤属于国家一级保护动物。

丹顶鹤的形态美丽而高贵，它们常常于夕阳西下的黄昏中亭亭玉立，挺胸昂首，回步转颈，或引颈高鸣，或展翅起舞，俨然一位优雅的舞者，伴着夕阳的节奏，跳着欢快的芭蕾。

→优雅的舞者

丹顶鹤的体长可达1.2米以上，体羽大都为白色，仅次级飞羽和三级飞羽为黑色，其次级飞羽和三级飞羽形长而弯曲成弓状，两翼折叠时，覆盖在白色短尾上，常被误认是尾羽；其头顶裸露，呈鲜红色，喉、颊和颈的大部分为暗褐色。丹顶鹤的幼鸟羽色大多为棕黄色，仅在肩部具有少量黄褐色色斑，1龄后的丹顶鹤才长成成鸟的羽色。作为涉禽，它具备了涉禽"三长"——喙长、颈长和脚长的特征，这与它生活在湿地沼泽中的生活习性密切相关。

丹顶鹤多栖息于芦苇及其他荒草的沼泽地带，常涉水于近水浅滩，取食鱼、虫、甲壳类及蛙等，也吃水生植物的嫩芽、种子等。丹顶鹤是候鸟，每年春天，丹顶鹤便集成小群，从南方越冬地陆陆续续迁徙到黑龙江的嫩江平原以东至黑龙江下游和乌苏里江流域的开阔而人迹罕至的湿地繁殖。

通常情况下，丹顶鹤的繁殖期大约是在每年的4月中旬。丹顶鹤配对成功后，就开始为自己建造爱情的小屋——鸟巢。它们建筑的材料仅是一些芦苇、苔草等水生植物的根、茎。丹顶鹤通常每窝产2~3枚卵，卵较大。孵卵是十分辛苦的工作，往往由雌雄丹顶鹤交替孵卵，但夜间多由雌丹顶鹤负责。经过漫长的31~33个日夜，小丹顶鹤才能破壳而出。小丹顶鹤一出世，就可随父母蹒跚学步，4~5天后就可随父母到水塘中觅食。

第1章 世界珍稀动植物博览

动物篇 DONG WU PIAN

丹顶鹤严格实行"一夫一妻"制，一旦成为配偶，可维持终身，故在日本等国家将丹顶鹤视为爱情专一的象征。在进入交配期前，雄性丹顶鹤首先要抢占地盘，不允许其他同性个体进入自己的领地，这种行为称为占巢。然后丹顶鹤要举行求偶仪式，雄鹤会与雌鹤一起翩翩起舞，并引颈高歌，以吸引异性的注意和爱慕，此时的鸣声尤为响亮而悠远，往往数里之外都可以听见它的叫声，故古人有"鹤鸣九皋，声闻于天"的说法。

↑ 雪中舞，俨然一幅绝美的中国水墨画。

↑ 风声鹤唳

和其他鸟类相比，丹顶鹤对人类来说具有更多的文化意蕴。丹顶鹤在我国古代神话和民间传说中被誉为"仙鹤"，成为美丽、高雅、善良的象征。在诗词和中国画中，常被文学家、艺术家作为主题而称颂。又因丹顶鹤的寿命很长，一般可达50~60岁，因而又是"长寿"的代名词。我国古代有"松鹤延年"之说，并将"松鹤图"作为祝寿的礼物。其实，鹤类是不上树的，原因是虽然鹤类和大多数鸟类一样具有三前一后4个脚趾，但其后趾明显高于前三趾所在的平面，因而它的脚趾无法抓住树干，只能在地面活动。"松鹤图"虽有悖于科学，但其寓意一直为人们所喜爱。

由于人类的猎杀和栖息地被破坏，丹顶鹤的数量已大为下降，分布区的面积也急剧减少，目前在我国仅分布于黑龙江省北部地区（繁殖地）。但是只要人人都知道保护鸟类，保护鸟类赖以生存的环境，丹顶鹤就一定能够继续留在人间，为我们的世界增添色彩。

龙文小百科　扎龙自然保护区

扎龙自然保护区占地4万平方千米，是我国著名的珍贵水禽自然保护区，位于乌裕尔河下游，西北距齐哈尔市30千米。这里的主要保护对象是丹顶鹤及其他野生珍禽，被誉为鸟和水禽的"天然乐园"。

扎龙自然保护区属北温带大陆性季风气候，是同纬度地区景观最原始、物种最丰富的湿地自然综合体。嫩江支流乌裕尔河到此失去河道，漫溢成大片沼泽，苇丛茂密、鱼虾众多，是水禽理想的栖息地。其中所保护的鸟类达260余种，水禽有120多种，占中国的半数以上。其中国家重点保护鸟类有35种，最为著名的是鹤类，全世界有15种，中国有9种，扎龙就有丹顶鹤、白鹤、白头鹤、白枕鹤、灰鹤和蓑羽鹤6种，真是名副其实的"鹤乡"。

雕鸮——勇猛的大猫头鹰

雕鸮,鸮形目,鸱鸮科,雕鸮属。俗名恨狐、大猫头鹰、夜猫,为大型猛禽。中国有7个亚种,广有分布,均为留鸟。由于中医认为雕鸮全体有解毒、定惊、祛风湿的功效,人们对它们大量地非法捕猎。此外又受到灭鼠运动的影响,雕鸮的数量已大大减少,在我国,它已被列为国家二级保护动物。

雕鸮的体长约70厘米,翼长47厘米。面庞为浅棕色,眼线和前缘密布白毛,眼睛上方还有一大块黑斑;耳羽明显;上体为沙棕色,喉部为白色,下体为浅棕色,夹杂了黑褐色纵纹;中央一对尾羽呈暗褐而具有棕斑;外侧尾羽转为棕色而具有暗褐色横斑,如云石状;两翅的覆羽也是淡棕色,满布褐色横斑和细点,羽端还具有灰白色圆斑;飞羽的表面大都呈暗褐色,有棕色横斑,棕斑上缀以褐色细点;嘴为深铁灰色,爪为铅褐色。

雕鸮主要以鼠、兔等啮齿类和兔形类动物为食,兼吃蛙、鸟和爬行动物。雕鸮的繁殖期为4~7月,常筑巢于树洞中、悬崖峭壁下的缝隙,或者直接将卵产在地面上的凹处。巢内无铺垫物,或仅有稀疏的绒羽。每窝产卵2~5枚,由雌鸟孵卵,孵化期为35天。雏鸟出壳后还需要由亲鸟喂养一段时间。

↑ 雕鸮两眼炯炯有神,精神焕发。
↓ 雕鸮的一双大眼睛在夜间非常敏锐。

雕鸮白天栖息于山地森林的枝叶茂密处、裸露的岩石、峭壁的隙间中或居民点附近,雕鸮是一种非常勇猛的动物,多单独活动,它们的鸣叫声听起来有些恐怖。雕鸮的一双大眼在夜间非常敏锐,它们大多昼伏夜出,白天多躲藏在密林中栖息缩颈闭目,一动不动,但听觉极为灵敏,稍有声响,立即伸颈睁眼,转动身体,观察四周动静,如有危险就立即飞走。飞行时缓慢而无声,通常贴着地面飞行。夜晚见于农耕地带和居民点附近的高树上。人们根据这种鸟类的生活习性可以很容易地将其捕获。比如1966年10月17日,中科院昆明动物所科研人员发现一只雕鸮站在电线杆上,就将其捕获,以乌鸦肉喂养了两周后放归自然。

东北虎 —— 兽中之王

东北虎，脊椎动物，哺乳纲，食肉目，是现存最大的猫科动物，又称西伯利亚虎、阿穆尔虎，起源于亚洲东北部，即俄罗斯西伯利亚地区、朝鲜和我国东北地区。与其他7个亚种虎比较，东北虎身长体重，强悍凶猛。它有着300万年进化史，堪称猫科动物进化的典范。据国际动物园年鉴报道，现全世界人工饲养的东北虎总数仅800余只，世界野生动物基金会已将东北虎列入世界濒危动物之列。

东北虎肩高1米，甚至在1米以上，身长2.8米左右，尾长约1米，体重可达350多千克，跳跃高度达2米。东北虎是现存虎类中体色最美的一种，具有很高的观赏价值。其体色是夏毛棕黄色，冬毛淡黄色；背部和体侧具有多条横列黑色窄条纹，通常2条靠近呈柳叶状；头大而圆，前额上的数条黑色横纹中间常被串通，极似"王"字，故有"兽中之王"的美称；其耳短呈圆形，背面为黑色，中央带有1块白斑；尾上约有10条黑环纹，尾末的端毛为黑色。东北虎的寿命一般为28年左右。

东北虎的身体厚实而完美，背部和前肢上的强健肌肉在运动中起伏跳动，脚上的肉垫也很厚，这使得它巨大的四肢推动向前时几乎悄无声息，在安静和稳定中蕴藏着足以将对手一击毙命的巨大爆发力。它的爪极为锐利，并能伸缩自如，掌击的力量很大，常能一掌拍碎鹿等动物的头盖骨。

雄虎在每年冬末春初的发情期才筑巢，迎接雌虎。不久，雄虎多半不辞而别，把产崽、哺乳、养育的任务全部推给雌虎。

↑ 名副其实的百兽之王

↓ 孤独的奔跑者

← 东北虎的身体厚实而完美

雌虎的孕期约3个月，多在春夏之交或夏季产崽，每胎产2~4崽。雌虎生育之后，性情更加凶残警觉。它出去觅食时，总是小心谨慎地先把虎崽藏好，防止被人发现。回窝时往往不走原路，而是沿着山岩溜回来，不留一点儿痕迹。1~2年后，小虎就能独立活动。

↑ 我还是"游泳能手"呢。

↑ 东北虎群

东北虎是一种大型捕食性猛兽，主要分布在我国东北的小兴安岭和长白山区，是典型的林栖动物，一般住在600~1300米的高山针叶林地带或草丛中，主要靠捕食野猪、黑鹿和狍子为生。它白天常在树林里睡大觉，喜欢在傍晚或黎明前外出觅食，活动范围可达60平方千米以上，其行走能力很强，一昼夜能走80~90千米。它会游泳，但不会爬树。东北虎性情机警内向，孤独而凶猛。一年大部分时间都是四处游荡，独来独往，没有固定住所，一般人很难亲眼目睹野生的东北虎。

常言道："谈虎色变"，"望虎生畏"。在人们的心目中，老虎一直是危险而可怕的动物。然而，在正常情况下东北虎一般不轻易伤害人畜，反而是捕捉破坏森林的野猪、狍子的神猎手，而且还是恶狼的死对头。为了争夺食物，东北虎总是把狼赶出自己的活动地带。人们赞誉东北虎是"森林的保护者"。

东北虎并非一直都很稀少，历史上东北虎的数量曾经很多。据资料显示，清代的时候，东北虎的数量还相当多，当时小兴安岭的大部分地区属于呼兰城所辖，因此，有史料记载："呼兰多虎。虎过，父子、兄弟不相让。独杀之以献幕府。"但1967年以后，小兴安岭便再没有关于东北虎存活的记录，20世纪80年代，东北虎在小兴安岭及朝鲜半岛绝迹；90年代以来，东北虎在长白山区亦销声匿迹。

人类对东北虎的生存环境的破坏，是导致东北虎数量锐减的最主要的原因。人类大面积砍伐森林和捕杀食草动物，使处于生态链顶端的东北虎的食物被剥夺。此外，人类为取虎骨、虎皮的贪欲而导致的滥捕滥杀的行为，是造成东北虎数量剧减的另一个直接原因。

面对这种情况，我国政府分别在20世纪70年代和80年代，为保护东北虎建立了长白山自然综合保护区和黑龙江省七星砬子东北虎保护区，进行栖息地的保护，并在各地动物园进行异地保护。

独角犀——无与伦比的"演唱家"

独角犀,又名印度犀、大独角犀,属哺乳纲,奇蹄目,犀科。曾广布于印度、尼泊尔和不丹,但目前已经很稀有。在我国西藏东南地区可能还有少量分布,但数量极少,已被列为国际濒危物种。

独角犀是一种外貌极为奇特的动物,它是仅次于大象的陆上庞然大物,是个体最大的犀牛。独角犀全身几乎无毛,皮厚且韧,多皱褶,色黑灰而略发紫;有异常粗笨的躯体,短柱般的四肢,庞大的头部,吻部上面长有一只锥形的角,头的两侧生有一对和庞大的体形极不相称的小眼睛。它们虽然身体庞大,相貌丑陋,却是胆小不伤人的动物。与其他动物相比,独角犀有着无与伦比的"演唱"才能,它甚至可以发出10种不同的声音。我国古人很早就开始了对独角犀的记载,据说郭璞《尔雅·注疏》中就提到了独角犀,只可惜郭璞将独角犀和兕混为一谈了。独角犀的孕期长达16个月,幼崽的吃奶期约18个月。母犀牛对幼崽的照顾和保护极为细致,幼崽留在母亲身边的时间达数年之久。

↙"我喜欢泥浴。"

独角犀栖息于潮湿茂密的热带丛林,通常单独活动,但是常见母兽与仔兽一起的景象。独角犀喜欢水和泥浴,它们游泳的技艺超群。独角犀晨昏视觉较差,但嗅觉和听觉灵敏。它们是食草动物,从水草到树叶无所不吃。独角犀们白天多在杂草中休息,在清晨、傍晚和夜间最为活跃,每天约有14个小时用来进食,它们还常常造访附近的农田,毁坏作物。

在交配季节,雄兽之间常会为争夺交配权而爆发激烈的打斗,但与其他犀牛不同的是,独角犀争斗时的"武器"不是它们尖利结实的角,而是下排牙齿。

和其他许多珍稀物种一样,独角犀的命运也令人堪忧。人们把独角犀的角当成珍贵的药材,同时也将它与象牙一样用来雕刻制成各种精美的工艺品,因此长期对其进行过度的猎杀,导致其数量剧减。另外,栖息地的破坏也是导致独角犀数量锐减的一个原因。

由于近些年人类充分意识到了保护动物资源的重要性,许多针对独角犀的保护工作已开始进行,也取得了突出的成就。目前,野外独角犀的数量大约为2500头。

短尾猫 —— 乖巧活泼的美洲山猫

短尾猫也叫美洲山猫、赤猞猁，分布于加拿大南部、美国本土到墨西哥中部一直到北回归线的广大地区。栖息地不高于海拔3600米，在半沙漠戈壁、落叶阔叶林带、松柏林带、沼泽甚至人类的居住区都有分布。各个地区的短尾猫分布密度有所不同，在佛罗里达，每100平方千米就有500多只短尾猫，而在北方，比如明尼苏达每100平方千米只有4~5只，这取决于各地食物的多寡。

短尾猫和猞猁有比较近的亲缘关系，外貌略似猞猁，在过去它们曾经被认为和猞猁、狞猫同种。短尾猫的体形较加拿大猞猁小一些，尾部也略有不同。加拿大猞猁尾端为黑色，而短尾猫为白色。短尾猫虽然体形小于加拿大猞猁，但可能比它更凶猛，很难被驯服。短尾猫足部也不如猞猁宽大和多毛，耳朵比猞猁小。

短尾猫体色为红灰色或棕色，和大多数猫科动物一样，它们耳朵背面也有一块白色斑点。短尾猫尾巴很短，因此得名。不过随着地域分布的差异，不同地区的短尾猫毛色体形都略有差别，总的来说大陆北部的短尾猫，体形较大，颜色较浅，而南部的短尾猫毛色渐深，体形略小。

短尾猫以兔子、啮齿动物等小型哺乳动物为食，也吃鸟类、鹿、蛋、鱼、蛙类、蜥蜴、蛇等它们能抓住的一切能动的东西。在食物缺乏的时候，短尾猫也捕捉家禽。短尾猫捕捉野兔时不会像加拿大猞猁那样，数量随着野兔的多寡而波动，因为它们的食物来源更为广泛。

短尾猫也是独居动物，雄性领地2~200平方千米，并包括多只雌性的领地，雌性一般1~60平方千米。雌性的领地不互相重叠，雄性用尿液和粪便来标示出属于自己的每一寸领地。它们在夜晚比较活跃，是夜行性动物。

北方地区的短尾猫在每年的2~6月交配，南方地区的则一年四季都能交配。雌性的发情期一般5~10天，交配期持续44天，孕期8周左右，每胎产3~4只崽。初生的幼崽体重280~340克，9天后睁开眼睛。雌雄共同养育，5周后离巢冒险，12周断奶，5个月以后可以开始帮助母亲一起打猎，9个月大就可以独立并离开原先的领地。雄性24个月、雌性12个月性成熟，野生寿命13年左右，圈养的可活到33岁。

短尾猫在自然条件中受到体形更大的猫科动物的伤害，比如美洲虎、美洲狮和加拿大猞猁。另外，人类为了获得它的皮毛，疯狂对其进行猎杀，使得其数量锐减。目前，短尾猫已被列入《国际动植物种贸易公约》附录中，禁止对其任意捕杀和进行国际贸易。

↑ 看看我的短尾巴

↑ 眼睛蓝得不可思议

非洲象 —— 陆上动物中的"巨人"

　　非洲象主要产于非洲大陆，在森林、开阔草原、草地、刺丛以及半干旱的丛林中都可以看见它们的身影。20世纪初，估计有300~500万只大象生存在非洲，而如今生存在野外的只有不到50万只，成为了珍稀物种。

　　非洲象是迄今生存着的最大型的陆生哺乳动物，一般体重4000千克以上，大的近10000千克。据记载，最大的一只非洲雄象是1974年11月7日在安哥拉南部被发现的，它肩高约3.96米，体长10.67米，前足周长1.8米，体重11.75吨。

　　成年非洲象体形庞大，强悍而性情暴躁，常会主动攻击其他动物。非洲象通常成群而居，象群多由8~30头大象组成，由一头50~70岁的老雌象带领。

　　母象的孕期约22个月（是哺乳动物中最长的），每隔4~9年产下一崽（双胞胎极为罕见）。幼象出生时体重约79~113千克，3岁左右时才断奶，但会同母象一同生活8~10年。头象和雌象一直生活在一起，而雄性非洲象则在14岁左右，青春期时离开象群。有血缘关系的象群关系比较密切，有时会聚集到一起形成200头以上的大型群落，但是这只是暂时性的。

　　非洲象全身的毛很少，皮厚且多褶；四条腿看上去像四根粗壮的柱子，前足5趾，后足4趾（和亚洲象相同）；两只蒲扇一样的大耳朵耷拉在头颈的两侧，大象的耳朵功能很多，比如当大象生气或受惊时，耳朵就向前展开以表达情绪，在天气炎热时，大象还会不停地扇动耳朵来降温；大象的长鼻子可以碰到地面，除了嗅觉以

↑ 野生的非洲象已经日渐稀少。

↓非洲象非常喜欢玩水。

↑非洲象就是这样吃东西的。
↓一件精美的象牙雕刻作品

外，象鼻甚至可以说是四肢之外的第五肢，非洲象鼻子的前端有两个像手指一样的凸出物（亚洲象只有一个）来帮助它们控制物体，觅食时，大象就会用鼻子卷取食物和采摘果实，此外，象鼻子还能拔起地上的青草与大树、驱赶蚊蝇、吸水喷进嘴里或洒在背上，为自己在炎热的天气中消暑降温等。当象发怒时，鼻子还可以当作战斗武器，把敢于侵犯伤害它的敌人卷起来扔到远处。

当然，像所有的大象一样，非洲象最引人注目的也是它们长长而质地坚硬的象牙。亚洲象和非洲象最基本的区别就是：亚洲象只有雄性拥有象牙，非洲象则无论是雌性还是雄性都有象牙。象牙基本上会伴随大象一生，我们可以通过象牙来判断大象的年龄。人类记录中最大的象牙重达97千克。象牙不仅是它们防御和攻击敌人的最佳武器，也是珍贵的装饰骨料。正由于此，非洲象也同样没能逃过利欲熏心的人们的毒手，由于盗猎猖獗，我们现在已经很难发现重量超过45千克的象牙了。

此外，象还是哺乳动物中的"寿星"，一般可活到110～120岁，比起狮子、老虎来要长寿许多。遗憾的是，目前野生的非洲象数量已经不多。据报道，1979—1988年，非洲象从130万头锐减至75万头。有人预言，按这种速度递减下去，到21世纪中叶前，这个物种就将灭绝。

联合国《濒危物种国际贸易公约》执行机构曾在1989年全面禁止了涉及大象的国际贸易。然而，自禁令实施以来，象牙走私价格迅速攀升，大大刺激了国际非法象牙贸易，引发了对非洲象的新一轮猎杀。目前，大象已经被列为世界十大最受贸易活动威胁的物种之一。为了保护濒危大象，肯尼亚等国曾呼吁对象牙贸易实施20年的禁令，以有效遏制象牙非法交易，严惩偷猎行为，防止大象灭绝。

菲律宾鹰——鹰中之虎

菲律宾鹰是菲律宾的国鸟,被人们赞为世界上"最高贵的飞翔者",有"鹰中之虎"的美誉,主要猎食各种树栖动物,如猫猴、蝙蝠、蛇、蜥蜴、犀鸟、灵猫、猕猴及野兔、田鼠等。在啄食猴子时十分凶残,故有"食猿雕"、"食猴鹰"之称,但这种珍稀鸟类已经濒临灭绝。

世界食肉鸟类中心发布的结果称,菲律宾鹰是目前所有大型森林鹰类中最为珍稀的一种。它体态强健,体长近1米,体重达4千克以上,翼展长达3米。另外,值得一提的是,据动物学家观察,菲律宾鹰一生只有一个伴侣,任何变故都无法动摇它对爱情的忠贞。

令人遗憾的是,由于人类的肆意捕杀以及人类的过度开垦土地造成森林急剧减少,这种曾遍布于菲律宾丛林中的食肉动物如今已濒临灭绝。除了艰难的生存环境外,菲律宾鹰异常孤独的性情也为它们的生存繁衍造成了不小的麻烦,使得它们的家族日渐衰落。

为了保护菲律宾鹰的数量和增加它们的繁殖量,菲律宾政府已经做出了一定的努力。1983年颁布法令,严禁射猎此鹰,违者罚以巨款,并处以1~5年徒刑。由此,一些科研人员和志愿者自发成立了"菲律宾鹰中心",人工饲养菲律宾鹰,帮助它们繁殖,最终将这些人工环境中长大的鹰放飞到大自然。"菲律宾鹰中心"研究人员数十年来一直致力于人工繁殖。2004年4月,研究人员将一只名叫"卡巴延"的17个月大的鹰放飞,成为从这里飞出去的第一只人工培育的菲律宾鹰。

↑帅气威猛的菲律宾国鸟——菲律宾鹰

↑菲律宾鹰的形象还出现在菲律宾空军的徽章中。

←↓鹰中之虎——菲律宾鹰

狒狒——阿拉伯的"神兽"

狒狒分布于非洲东北部及亚洲的阿拉伯半岛,是灵长目猴科中唯一营大集群生活的高等猴类。

早在4000多年前,古埃及人就已经开垦了富饶的尼罗河流域。当地的山野里有一种动物,头很大,嘴巴很长,脸的两颊以上直至肩背部长着像雄狮般的直立长毛,从背后看像是个披着蓑衣的老者,人们叫它"蓑狒",又因为它头大,很像狗,也称它"狗头猿"。古埃及人很早就把狒狒当狗一样驯养,让它们看门或上树采摘鲜果。由于狒狒很聪明,四肢灵活,能爬树上房,比狗能干,所以古埃及人称它们为"神兽"。

从外形上看,狒狒的长相滑稽逗人,大大的脑袋,光光的脸,不高的个子。雌、雄个体体形相差悬殊,雄狒狒体长约70~75厘米,尾细,长约25厘米,雌狒狒则很小。它们身上的毛都是灰褐色,脸上没有毛,呈淡淡的粉红色。狒狒的四肢发达粗壮,尾巴细长,犬齿特别强大,既能咬坚硬的多汁植物的茎、叶和根,又善于捕捉昆虫和小动物。狒狒的手脚粗壮,长着黑色的毛,手和脚的拇指可对握,能灵活地用脚拾起东西。狒狒大多生活在半荒漠地带树木稀少的石头山上,因此它们爬山的本领很大,崎岖陡峭的高岩都能飞快地爬上去,爬树更不在话下了。

狒狒是群居性的动物,它们也是猴类中族群制度最为严格的动物,有的时候一群就有几十甚至几百只,由一只体格强壮的雄狒狒统领。如遇敌人来犯,队伍就会立即调整,雄狒狒就会挺身向前,排开迎敌的阵势,组成一道屏障,把体弱和年幼的同伴与敌人隔开,然后勇敢地与强敌展开殊死搏斗。在这群无私无畏的狒狒面前,连猎豹这样的猛兽也只能望狒兴叹。

狒狒虽然性情凶狠,但若从小饲养加以驯化,又很温和、善解人意。

由于近年来狒狒生活环境的日益恶化,现在野生狒狒的数量已经大为减少,成为世界上珍贵的动物。

↑目光深邃的狒狒

←营群体生活的狒狒族群中的等级制度极为严格。

古巴钩嘴鸢 —— 善于飞行的猛禽

古巴钩嘴鸢属鸢科鹰属,是濒危动物。

从外形上看,古巴钩嘴鸢是一种体形较小的猛禽。它的头比较小,脸上有点秃,喙短而锋利,利于捕食,双翼狭长,尾巴分叉深。它们以昆虫为食,有时也吃动物的尸体以及啮齿类动物和爬行类动物。

古巴钩嘴鸢善于飞行,天空就是它们的世界。它们悠闲地拍动双翅,姿势像燕鸥一样优美。

除了古巴钩嘴鸢以外,世界上还有很多珍稀的鸢属鸟类,比如分布在从印度到澳大利亚东北部地区的婆罗门鸢。婆罗门鸢身体呈栗红色,脸部白色,头部带黑纹,以食鱼类和垃圾为生。或许从这种鸟的名字就可以看出,这种鸟与印度教有一定的联系,因此被印度人看做圣鸟。

还有一种珍贵的鸢属鸟类为白尾黑翅鸢,产于阿根廷到美国的加利福尼亚州。据说它是新大陆猛禽类中数量在增加的鸟。它有灰色的羽毛、白色的头和尾巴,腹部和肩膀呈黑色。啮齿类动物是它的食物。在亚洲、非洲和澳大利亚的热带地区,也有黑翅鸢属的各种鸢栖息。

↑ 古巴钩嘴鸢

寡妇鸥 —— 随季节"换帽子"的海鸟

寡妇鸥是一种蹼足海鸟,属鸥科,体形大而粗壮。寡妇鸥主要以腐肉为食,它们还在海边寻找昆虫、软体动物、甲壳类动物以及鱼类和船上抛下来的垃圾,在耕地里找蠕虫和各种幼虫。寡妇鸥的故乡是美洲,由于其数量稀少,已属濒危动物。

从外形上看,寡妇鸥的羽毛主要呈灰色或白色,尤其它头上的羽毛会随季节而变化色彩。繁殖季节是白色、黑色、灰色或者褐色,而到了冬季,会出现条纹或杂色。

在鸥科的众多种类中,除了寡妇鸥之外,还有很多珍贵的种类,有些种类的喙上有斑点。根据喙的颜色以及翅膀的形状,可以区分不同种类的鸥,像分布在我国内蒙古、河北等地的小鸥属国家一级保护动物;分布在云南的黄嘴河燕鸥,甘肃的遗鸥,北京、天津、新疆、广东等地的黑嘴端凤头燕鸥属国家二级保护动物。

↑ 觅食中的寡妇鸥

海豚——善良的"海上救生员"

海豚,也称真海豚、普通海豚,属哺乳纲,鲸目,海豚科。其广泛存在于各大洋中。

海豚的身体呈纺锤形,体长约2~2.6米,身体背面呈蓝灰黑色,腹面为白色,体侧呈土黄色及灰色,眼眶为黑色,从眼眶后至肛门间,常有两条灰色带纹,有背鳍,鳍肢基部有一暗纹延伸至下颌,吻细长,有额隆,上下颌各有90~110枚尖细的牙齿,但奇怪的是,它们有这么多牙齿却不会咀嚼食物,而是习惯于把所获猎物整个吞下去。它们的食物主要是鱼、乌贼、虾、蟹等。

海豚虽然是海洋哺乳动物,但它们却是大海里的游泳高手。通常情况下,海豚喜欢结队漫游,时速可达40千米以上。海豚呼吸的方法和鲸一样,多是用头顶上的气孔来呼吸。通常,它们在潜入水中之前,先是深深地吸一口气,然后潜入水中,它们甚至可以潜至水深30多米的地方。这要归功于它们有一个构造极为特别的肺,可以迅速减压。

和其他动物相比,海豚还有一个奇特的功能,就是它有一种发射和接收超声波的能力。它们凭着这种能力,能够准确判别障碍物或猎物的位置;能够与自己的同类互相联系;雄海豚也能凭此找到与它失去联系的伴侣。海豚在发射声波时,头部的气囊发出频率高低不同的声音,前颚的2个气囊随着头部的摆动向不同方向定向发射;而接受超声波时则有所分工,耳朵接收低频率声波,颚部接收高频率声波。正是由于它有这种高超的发射和接收超声波的本领,因而它在海

↑长着尖牙却不会咀嚼食物的家伙

洋中高速游动时，也不会碰上障碍物。海豚的这种避碰的本领，使得它常能为海轮导航，使海轮避免触礁。据记载，在新西兰近海海域，有一片海礁密集区，在这片海域，曾有过一条白色海豚，从1871年开始，连续40年为海轮领航，直到老死为止，真可谓"鞠躬尽瘁，死而后已"了。

海豚的大脑非常发达，这使得它在海洋生物中显得智慧超群，它们能够学会很多复杂的动作，并有良好的记忆力，不少科学家甚至认为，海豚的智力超过猿。在有些海滨浴场内还

↑ 海豚的微笑

有经过训练的海豚专门执行陪同游客游玩的任务，甚至它们还能潜入水底为游客们找回丢落到海底的物品。

此外，大家很感兴趣的就是生活在海里的生物是怎么睡觉的。比如海豚，它没有固定的睡眠时间，可能在白天，又或是在晚上睡觉。它们睡觉时，通常会浮近水面，而且只会休息其中一边的脑，而另一边则继续工作。因为在海洋中，如果它们处于熟睡状态很容易遭到敌人侵袭，而不能逃脱。

海豚既不像森林中胆小的动物那样见人就逃，也不像深山老林中的猛兽那样遇人就张牙舞爪。海豚总是表现出十分温顺可亲的样子与人接近，比起狗和马来，它们对待人类有时甚至更为友好。

海豚与人玩耍、嬉戏的报道我们听了很多很多，海豚救落水的人的故事甚至成为轰动一时的美谈。1959年夏天，"里奥·阿泰罗"号客轮在加勒比海因爆炸失事，许多乘客都在汹涌的海水中挣扎。不料，祸不单行，大群鲨鱼云集周围，眼看众人就要葬身鱼腹了。在这千钧一发之际，成群的海豚犹如"天降神兵"般突然出现，向贪婪的鲨鱼猛扑过去，赶走了那些海中恶魔，使遇难的乘客转危为安。"海上救生员"一说也就随之美名远扬了。

人类和海豚的故事总也讲不完，法国著名的唯美主义电影《碧海蓝天》为我们讲述了下面这样一个故事：一个从小就酷爱大海的少年与海豚结下了不解之缘，他最喜欢做的事情就是潜到深海里，去和海豚共舞！

← 喜欢微笑的"海上救生员"

褐鹈鹕——长相怪异的捕鱼能手

↑ 褐鹈鹕是个捕鱼"高手"。

↓ 翼展达2米左右的褐鹈鹕飞行姿势非常优美。

褐鹈鹕属鹈形目,鹈鹕科,鹈鹕属。它是世界上8种鹈鹕中体形较小的一种,生活在美国南部加勒比海沿岸到智利沿岸的广大地区,美国的佛罗里达沿岸地区是它们的"老家"。褐鹈鹕为珍稀动物,目前已经受到各方面的保护。

虽然褐鹈鹕在众多的鹈鹕中属于较小的品种,但是它们展开的翅膀也有2米多长,这么大的翅膀是其他鸟类难以企及的!虽然鹈鹕在陆地上行走时的样子"傻乎乎的",但在空中飞行的时候非常潇洒。它们一般成小群飞行,旅途中经常拍动翅膀来协调行动。鹈鹕的雌雄成鸟外貌相似,雄性体形要大一些。

褐鹈鹕是两种潜水捕鱼的鹈鹕中的一种,它们的食物主要以鱼为主,大多靠潜水捕得。褐鹈鹕个个是捕鱼"高手",取食时会伸展双翅从空中向下猛冲,在撞击水面的一刻翅膀向后伸。褐鹈鹕喜欢群居,一个褐鹈鹕群中大约有1400只褐鹈鹕。褐鹈鹕的巢建在海岸的红树林边,筑巢产卵的褐鹈鹕都有自己的势力范围,雄性褐鹈鹕的大嘴所及之处就是它们家的范围。

褐鹈鹕夫妇总是相亲相爱,雌鸟选择筑巢的位置,雄鸟叼来细树枝和长草,雌鸟用一周的时间整理树枝直到满意为止。

褐鹈鹕是一种很温和的海鸟,但是如果有谁胆敢侵入它们的领地,它们就会用长长的喙毫不留情地进攻侵略者。

黑鹳——冷艳的"空中精灵"

黑鹳，鹳科，别名乌鹳，主要在东北、河北、新疆及甘肃北部繁殖；在长江流域及以南地区越冬。属于国家一级保护动物。

黑鹳身形修长；其最突出的特点就是喙长而粗壮，这对捕食水里的小动物非常有利；黑鹳通体的羽毛都呈黑色，并泛有紫绿色如金属般的光泽，在不同角度光线的照射下，会折射出各种绚丽多姿的紫、绿、蓝等彩色光辉；长长的细脚呈艳丽的橘红色，显得高贵而冷艳；当它们在空中飞行时，头、脚前后伸直，很有点鹤翔的样子，而且它又能在空中翱翔，两翼平展静止不动，像鹰、鹫那样，凭借上升的气流把它逐渐推升至高空，这种飞行绝技是其他鹳类所没有的，真如一只只冷艳的"空中精灵"，令人赏心悦目！

黑鹳4月份开始繁殖，在岩崖缝隙中或大树上筑巢，每窝产卵3～6枚，卵为乳白色，有少量浅橙黄色斑块。孵卵期为31～34天。幼鸟出壳后的25天内，由亲鸟守候在巢内暖雏和护雏。雏鸟留巢期为75天。雏鸟的生长发育与一般的鹳基本相似。

黑鹳生性宁静而机警，飞行或步行时举止缓慢，休息时常单足站立。黑鹳涉水取食鱼、蛙、蛇和甲壳类动物，饱食后，通常会长时间停立原处就地憩息，或悠闲地用长喙啄理被风吹乱的羽毛。与白鹳一样，黑鹳从不鸣叫，仅上下嘴不断相击发出声响，这是鹳类与鹤类区别的一个重要特征。

由于黑鹳具有较高的观赏和研究价值，近年来人们加紧了对其人工繁殖的尝试，目前已有多例成功笼养黑鹳繁殖的记录，但对它们孵化的研究直到20世纪90年代中期才有了进展。1994—1995年，天津动物园对一对笼养的黑鹳进行了成功的人工孵化研究，这也是人类在保护黑鹳过程中的又一个里程碑式的篇章。

↑黑鹳和它的孩子们

←飞行中的黑鹳

黑颈鹤——身居高原之"神"

黑颈鹤属鹤形目，鹤科，鹤属，别名青庄、冲虫（藏语），目前种群数量很少，为我国特有珍稀鸟类。黑颈鹤曾分布于尼泊尔的加德满都谷地、印度西北部及不丹中部和东部一些地方，但近几年除印度的拉达克尚可见到残存的几只外，国外黑颈鹤在其他地区已相继绝迹。据专家考证，目前仅存3000只左右，已成为世界珍稀物种。

黑颈鹤的外形具有鹤类共同的特征——喙长、颈长、腿长、体形瘦高。黑颈鹤除头、颈和飞羽为黑色外，其余部分体羽为银灰色，头顶、眼睑为淡红色，其上仅有稀疏的发状羽。喙、腿和趾是黑色的。黑颈鹤的叫声非常响亮，人们在很远的地方就可以听见它们的鸣叫声。

黑颈鹤的头部特写

黑颈鹤是大型涉禽，为候鸟，每年在中国青海和四川南部的高原草甸及高原湖泊边、湖中岛上的沼泽地等处生活、繁殖，迁徙时经青藏高原，至四川西南部、贵州西部、云南、西藏南部及更南地区越冬。

黑颈鹤是1876年由俄国博物学家普热瓦利斯基在我国青海湖发现，它是唯一一种生活在海拔2000~5000米高原的鹤类，也是世界鹤类中唯一一种主要分布在中国的鹤，但在我国丰富的鹤类历史文化记载中，却鲜见关于它的记述。这是由于黑颈鹤主要生活在青藏高原地区，历史上除藏族地区的人与黑颈鹤世代为伴外，外界对黑颈鹤几乎一无所知。

黑颈鹤是我国特有的珍稀禽类，具有重要的文化交流、科学研究和观赏价值。民间以鹤为"神"，黑颈鹤更是受到特别的尊崇和保护。但目前黑颈鹤的境遇仍然不容乐观。由于黑颈鹤生活在高原地带，那里环境严酷，气候变化大，尤其在漫长的冬季，寒冷不仅造成了食物短缺，更使得幼鹤成活率很低，加之盗猎者的非法捕杀，都对黑颈鹤的生存造成了极大的威胁。所以，加大对黑颈鹤的研究和保护力度迫在眉睫。

第 1 章 世界珍稀动植物博览
动物篇 DONG WU PIAN

黑猩猩——最聪明的动物

黑猩猩属灵长目，猿猴亚目，猩猩科，其许多特征与人类接近，深受人们喜爱。现在世界上有 4 种猩猩，黑猩猩是其中最聪明的一种，主要分布在非洲的中部和西部。

黑猩猩体长 70～95 厘米，直立时高 1.2～1.5 米；头部较圆，眉骨高耸；头顶的毛发向后；眼睛深陷；耳朵大而且向两侧直立起来；鼻子小；吻部凸出，唇长而薄，没有颊囊；手脚粗大，臂比腿还要长；没有尾巴。黑猩猩除了面部外，全身都披着乌黑的短毛，通常臀部有 1 块白斑，面部为灰褐色，手和脚为灰色并覆以稀疏黑毛；幼猩猩的鼻、耳、手和脚均为肉色。

↑ 三个"臭皮匠"顶个诸葛亮
↓ 球猩登场了

黑猩猩孕期约 230 天，每胎产 1 崽，哺乳期为 1～2 年，至性成熟约为 12 年，雌性 30 岁龄可生第十四胎。寿命约 40 年。

炎热而潮湿的非洲热带丛林是黑猩猩栖居的地方。它们喜欢成群地在树上筑巢而居，密林里的黑猩猩通常是成群外出活动，有时一大群竟有 40~50 只之多，平时只是 3~5 只。一家成员中，通常由 1 只成年雄性率领。群与群间有往来。长久保持母子关系，分群后还常回群探母。有午休习性。

黑猩猩的住所很简单，并且经常迁移，夜晚在巢里睡觉，白天外出觅食。它们的食量很大，因此每天要用 5～6 个小时来觅食，它们吃水果、树叶、根、茎、花、种子和树皮，有些个体经常吃昆虫、鸟蛋或捕捉小羚羊、小狒狒和猴子，雄性获得的猎物允许群内成员共享。

有趣的是，黑猩猩很喜欢到蚁巢前用指头把它捅一个洞，找来一根草棍或树枝，轻轻地塞进洞里，待棍上爬满白蚁后，立即拉出来放到嘴里，把白蚁一个个舔着吃掉。

黑猩猩的智商非常高，而且令人难以置信的是，黑猩猩的脑和面部的肌肉很发达，能做出喜、怒、哀、乐等许多表情和复杂多样的行为。它还善于用前肢做出各种动作和手势，来表达它的感情和思想，还能学会使用简单的工具。

↓ 丛林中的黑猩猩

更叫人不可思议的是，黑猩猩之间的感情交流也是很丰富的。通常当两群黑猩猩久别重逢的时候，总是互相发出大声的喊叫，或者互相搂抱亲吻。它们能够发出许多不同的声音来表达感情，但更经常依靠的是动作姿势和丰富的脸部表情。

例如，当一头黑猩猩捕获野兽后，别的黑猩猩就会伸手向它讨要猎物。如果同伴里哪一个过于急躁，甚至发起脾气来，别的黑猩猩就会把手搭在它肩上，好像是劝慰它别激动发火。也正是因为黑猩猩高超的智商，人们经常把黑猩猩搬上银幕，像电影《金刚》就是如此，一只本来生性残暴的大黑猩猩，竟然也会有人类的感情，悲伤、快乐、思念……它样样不缺。

研究表明，一些黑猩猩经过训练不但可掌握某些技术、手语，而且还能动用电脑键盘学习词汇，其能力甚至超过2岁儿童。然而研究人员无法训练它们用人类的语言大声讲话，这是为什么呢？1996年1月，美国科学家发现，黑猩猩被呵痒时会笑，在笑的同时还呼吸，听上去就像链锯开动的声音，而人类在讲话或笑时呼吸是暂时停止的，这是因为人能够很好地控制与发声有关的各部分膈膜和肌肉。科学家认为，能否讲话的关键在于神经系统对气流的控制，人类能讲话就是突破了这方面的限制，而黑猩猩却无此能力，这就揭开了黑猩猩不能讲话之谜。黑猩猩还能辨别不同颜色和发出32种不同意义的叫声、能使用简单工具，黑猩猩是已知仅次于人类的最聪慧的动物。其行为和社会行为都更近似于人类，在人类学研究上具有重大意义。

↑ 黑猩猩的表情和人类的非常类似

令人遗憾的是，现在黑猩猩的数量在急剧减少。40年前黑猩猩的数量估计为10万只以上，而40年后的今天，黑猩猩可能仅有1万多幸存者了。在一些国家，黑猩猩已完全灭绝。由于现代化学工业污染以及森林被乱砍滥伐，使黑猩猩无安身之地；生存环境不佳，也使黑猩猩寿命缩短，自然死亡增加。如果让这种状态继续下去，黑猩猩将在地球上永远消失。为此，科学家已把黑猩猩列入地球上最受威胁的动物种类，呼吁人类全面保护黑猩猩。

红脸杜鹃 —— 害羞的鸟儿

↓ 生活在斯里兰卡的红脸杜鹃

红脸杜鹃属鹃形目，杜鹃科，在世界各地都可栖息，特别是旧大陆的温带和热带地区。但由于生存环境的不断恶化，数量已极为稀少，属世界濒危动物。在斯里兰卡，红脸杜鹃深受人们的喜爱，它们的形象甚至被印在了邮票上。

红脸杜鹃是一种害羞的鸟儿，它们常栖息在森林和灌木丛中，往往是只闻其声，不见其形。红脸杜鹃外形小巧玲珑，身长与其他种类的杜鹃一样，约16厘米。羽毛色彩缤纷，胸腹部为白色，尾羽底部也为白色，背上和翅膀上通常会呈现出亮丽的蓝色，脸颊部分为红色，真的和它们害羞的本性很相称呢，这也是它名字的由来。红脸杜鹃的翅膀短，尾巴较长，有的特别长。尾巴羽毛的尖端还点缀着白色。它们的脚掌前后有双趾。喙粗壮结实，略向下弯曲。

花脸齿鹑 —— 被猎人追逐的"歌唱家"

花脸齿鹑属鸡形目，雉科，是一类小型短尾巴的猎鸟。主要食物是种子、浆果，有时也吃一些树叶、草根和昆虫。花脸齿鹑产于墨西哥索诺拉州及其附近地区。

从外形上看，花脸齿鹑的样子像鹧鸪，但比鹧鸪小，也没有鹧鸪那么健壮。脸通常呈黑色和亮栗色。

花脸齿鹑喜欢栖息在辽阔的草原和灌木丛中。↑ 温顺的花脸齿鹑

春天的时候，雌鸟产下大约12个蛋，雄鸟和雌鸟轮流孵化。小鸟出世以后，第一年夏天和父母生活在一起，之后就要独立生活了。花脸齿鹑还是森林里的歌手，它们的羽色算不上美丽，但它们有着美丽的歌喉，当它们鸣叫时，声音清澈而悠扬。

可惜的是，花脸齿鹑的数量已经越来越少了，这主要是由于它们的肉和蛋味道鲜美，因此成了猎人追逐的目标。现在，对花脸齿鹑的保护已经是迫在眉睫了，这需要我们多方的努力。

华南虎——失踪多年的猛虎

华南虎，别名南中国虎，属食肉目，猫科，是一种大型哺乳动物，也是我国特有的虎种。华南虎起源于200多万年前，是世界上现存5个老虎亚种的祖先。华南虎曾广泛分布于华南、华东和华中等地区，也被称作中国虎（史书上记载、描写的老虎一般都是指华南虎）。但由于长期过量的捕猎以及栖息环境的破坏，现在华南虎在许多地区都已销声匿迹了。华南虎已被世界自然保护联盟列为世界上最为濒危的物种和第一需要保护的虎种。

与其他虎种相比，华南虎个头偏小，毛色略深，身上的虎纹宽一点儿，脖子和脸也稍微长一些。华南虎主要生活在森林、丛林和野草丛生的地方，没有固定的巢穴，活动区域特别大，可行走50多千米，属夜行性动物，白天休息，晨昏活动最频繁，善于游泳，不会攀爬，捕食勇猛，喜单独行动，视觉、听觉极为发达，脊柱关节灵活，行走时爪能收缩，没有响声，十分轻巧迅速，主要捕食大型食草类动物，饱餐后可维持数日。

据相关资料显示，在20世纪50年代初，我国大约还有4000只华南虎。尽管最为流传的一种说法是目前全世界野外数量估计20~30只，但在最近30多年中，野生华南虎已经没有了目击记录。有关专家在对华南虎野外种群及栖息地进行调查，并几经论证后，认为该物种已经功能性灭绝。

近几年来在鄂西、鄂南也有不少关于华南虎的讯息，如神农架自然保护区内对金丝猴进行跟踪观察的人看到华南虎的足迹，听到华南虎的吼叫声；具有一定狩猎经验的人也在神农架看到华南虎的足迹。在湖北省五峰县的后河省级自然保护区，有不少人看到华南虎的足迹。全国动物普查科研项目的进行，对挽救我国这一特产濒危动物具有重要意义。

↑ 在雪地散步的华南虎

↑ 中国邮政发行的华南虎纪念邮票

黄腹角雉——我国独有珍禽

黄腹角雉，又称喀伯角雉。属脊椎动物门，鸟纲，鸡形目，雉科，角雉属。黄腹角雉为我国独有珍禽，主要分布在我国东部亚热带高山森林里，如福建、广东、广西、浙江及湖南等地区，现在已多年未见到了。黄腹角雉为国家一级保护动物，也是世界最濒危物种之一。

黄腹角雉的体形比家鸡略大，头上还有两只淡黄色肉质角，所以它们又名为"角雉"。和动物界的其他禽类一样，雌黄腹角雉和雄黄腹角雉在美丽程度上是不同的，雌雄雉羽毛颜色不同，雄雉羽毛色彩极其华丽，头顶具有前面为黑色、后面为橙红色的冠羽，喉下长着一个蓝色或橙黄色的肉质裙，平时肉裙比较小，不显眼，到了发情求偶期颜色就变得特别鲜艳，翠蓝色的条纹纵横交错在充血膨胀的肉裙上，那条纹远看似中文的"寿"字，故有人又称其为"寿鸡"。黄腹角雉身上的羽毛大部分为栗红色，其间点缀着许多卵圆形的黄色斑块。雄雉的尾为棕黄色，尾的尖端布有黑色的横带，尾部为圆形。而相比之下，雌黄腹角雉的外在形态就逊色多了。

"我该如何装扮你啊，我的伴侣。"

黄腹角雉在繁育后代时的情形也是很有趣的，它们通常在3月中旬开始发情，在发情求偶期间，雄鸟常在清晨时发出短暂的、激烈的、好像婴儿啼哭般的声音。它们喜欢把巢筑在高大的树干上，看起来非常简陋。有时利用松鼠窝作巢产卵，据说曾有人在距地面10米高的树上的松鼠窝内取得这种角雉的卵。雌鸟在4月初产卵，卵的大小比鸡蛋稍大，为棕土色，其间分散有褐色的细点。产卵时不是一次都产出，而是隔日产1枚卵，每窝2~4枚，每年产一窝。孵卵的任务由雌鸟承担。

黄腹角雉善于隐匿潜伏，亦善奔走，受惊时，迫不得已才会飞起。从时间上看，每天中午12点左右是黄腹角雉最活跃的时候。这时，它们会舒展身姿，梳洗羽毛，头顶上的肌肉会自然隆起，变成两只宝塔似的肉角。

↑ 发情前，雄黄腹角雉的颈部的肉裙并不十分明显。

从生活习性上看，黄腹角雉显得很娇贵，只有相对来说较为湿润、食物丰富的地方才能有利于它们的生存。它们主要生活在亚热带常绿阔叶林、落叶阔叶林和针叶林的混交林内，息于山林中，其栖息地的海拔高度为1000~1600米，较其他角雉的低。它们喜欢在高山峻岭中，经常在流水的沟谷中、灌木丛林中觅食。它们只有口渴时才下溪饮水，脖颈下面有一个水囊，是专门盛水的。下溪时除了喝饱外，还在水囊里装满1千克左右的水备用，可用4~5天，用完后再下溪盛水，所以又名"背水鸡"、"高山小骆驼"。

早自梁、唐以来古人就对黄腹角雉有所记载，至明代李时珍《本草纲目》中对雄鸟发情时肉裙与肉角的展示就有生动逼真的记述，并以此特性而命名"吐绶鸡"。令人担忧的是，黄腹角雉的数量正在不断地减少。造成这种局面的原因是多方面的，一方面由于黄腹角雉飞行能力差，行动缓慢，反应迟缓，易被天敌捕食。另一方面黄腹角雉数量减少也和它们的饮食习惯有一定的关系。每当到了秋季和冬季，它们主要吃青岗的种子、交让木的叶和果实。而不幸的是，由于人类活动的干扰，这些树木的数量已变得极为稀少，只生长在人迹罕至的高山地区，因此就决定了黄腹角雉生存范围狭小，数量也就极少了。但最为主要的原因还是人为原因，人为的捕猎、对黄腹角雉栖息地的破坏等因素，使其现已成为濒危物种。

面对这种情况，我国政府也采取了积极的保护措施，如积极地建立黄腹角雉的保护基地。乌岩岭是我国黄腹角雉唯一的保种、繁殖基地，其黄腹角雉的生态适应机制及保护对策曾被列入世界自然保护联盟紧急研究项目之一。1988—1989年又在北京师范大学内人工饲养并繁殖出幼鸟，且在2年以后达到了性成熟。相信在人类的不断努力下，黄腹角雉的数量一定会不断增加的。

↑ 发情时，黄腹角雉颈部的肉裙变得十分显著而艳丽。

第1章 世界珍稀动植物博览 动物篇 DONG WU PIAN

喙头蜥 —— 与海鸟同居的陆栖动物

喙头蜥主要生活在新西兰及其附近的岛屿上，常在潮湿的洼地或水边寻觅爱吃的蠕虫、甲壳动物、软体动物等。喙头蜥目动物出现在2亿多年前，当时种类繁多，遍布全世界。在经历了漫长的岁月后，喙头蜥无论是身体内部结构还是外表形态都没有什么变化，所以人们常称它们为"活化石"。

从外表上看，喙头蜥的样子很像蜥蜴，但又与蜥蜴不同，它的嘴很像鸟喙，所以被取名为喙头蜥。

从体态上看，喙头蜥的体长大约为50~80厘米，有一个大的三角形的头，看起来很是可爱。它的头骨上有两个大的颞颥孔，牙齿与颌骨愈合，而不是生在齿槽内。

喙头蜥的头顶有一对已经退化的颅顶眼，很怕光，这就决定了喙头蜥的昼伏夜出的生活习性，它们白天在洞里休息，晚上才出来活动。

↑ 名副其实的"变色龙"

从生殖方式上看，喙头蜥在洞内产卵生育，每次产卵10枚左右，经过漫长的13个月的孵化，幼蜥才出壳。

此外，喙头蜥还有一种非常有趣的习性，便是它自己不营建洞穴，而是与海鸟同居。虽然双方没有"共同语言"，但彼此却能和平共处并达成一种默契。

新西兰是海燕的故乡，在新西兰栖息着为数众多的海燕，一到繁殖季节，它们便在岛上挖洞、育儿。喙头蜥便像走进自己的家一样，住进了海燕的洞中。

海燕的粪便周围有许多昆虫，它们都是喙头蜥的美餐，还能使鸟蛋和幼鸟免遭昆虫叮咬，得以安全孵化和发育。海燕和喙头蜥之间彼此相互依赖、和平共处也就不足为奇了。

喙头蜥对外在的自然环境的要求很高，这主要源于喙头蜥没有调节体温的结构和功能，所以只要外界气温稍有变化，它们就很难适应。因此，目前喙头蜥只分布在比较温暖而且气温变化很小的地带，只有这样才能够保证它们正常地生活下去。这种对外界环境的严格要求使得喙头蜥的数量正在逐年减少，并且已经濒临灭绝，人们也正在采取一切可能的措施以保护喙头蜥这种珍稀的动物。

火烈鸟——为爱燃烧的"粉红一族"

火烈鸟又称红鹳、焰鹳,产于地中海地区,在动物界素有"礼仪小姐"的美称,属世界稀有珍禽。

关于火烈鸟名称的来源主要有两种说法:一种是由于火烈鸟群体飞行时,玫瑰色的羽毛与阳光相辉映,有如晚霞蔽空,壮丽无比,在带头鸟转移方向时,好像一片烈焰在天际扩展延伸,所以得名火烈鸟;另一种说法是,由于火烈鸟在恋爱期间由粉白色变为火红色,故称火烈鸟。火烈鸟群一起起飞的时候,是一幅非常壮丽的图景。一只只火烈鸟或在空中自由飞翔,或在湖畔引颈远眺,构成一幅粉红色的美丽图画。

↑为爱而燃烧的"粉红一族"

↓火烈鸟运用自如的弯曲的长喙

火烈鸟共有三属:大火烈鸟、小火烈鸟和阿根廷火烈鸟。其中大火烈鸟生活在美洲的大西洋海岸及墨西哥湾沿岸,在智利有一亚种,生活在内陆。火烈鸟喜欢群居,在非洲的小火烈鸟群是当今世界上最大的鸟群,最大的群体达上万只。火烈鸟在飞行时有一定队形,和雁一样也有带头鸟;但雁行是由单一的个体组成"一"字形或"人"字形的排列,而火烈鸟则不然,是成片飞行的。

火烈鸟最显著的特点是有着粉红色的羽毛,美艳光鲜,远远看去,宛如一团火球。如果它们成群落在一处,更像一块通红的巨型地毯,光照四方。更奇异的是,无论它的羽毛有多么美丽,一经拔下就立刻变为白色。

火烈鸟的喙和眼生得与众鸟不同:喙短而厚,上喙中部突向下曲,下喙较大成槽状,喙前端为黑色,中间为淡红色;眼睛又细又瘦,与它那庞大的身躯相比,显得很不协调。火烈鸟的成长过程也是喙形不断变化的过程。火烈鸟的喙在幼时并不弯曲,以后随着成长而开始由直变曲,并逐渐形成了形态奇特却又运用自如的弯曲长喙。

第1章

世界珍稀动植物博览

动物篇 DONG WU PIAN

火烈鸟以食水中的软体动物为主，常从泥水中捞取各种藻类、原生动物、小蠕虫、昆虫幼虫等。当它们吃食时，总是将长颈弯下来，头部向后翻转，用它的弯喙作勺，从水中撮起贝类来吃。

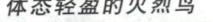

↓ 体态轻盈的火烈鸟

火烈鸟每年营巢一次，新巢多建在老巢上，就像翻盖楼房一样。由于火烈鸟是涉禽，所以世世代代都和水结下不解之缘，它们一般选择在三面环水的半岛上筑巢，有的筑于泥滩，也有的筑于水里，巢多采用潮湿的泥土作材料。更有趣的是，火烈鸟为了接近水源，常常把它们的巢排列得整整齐齐，七八只鸟巢并排矗立，构成了一个很有秩序的"小村落"，巢与巢之间相距60厘米左右。

当它筑巢时，会用喙把湿泥滚成小球，然后用脚把小球一层层砌上去，筑成上小下大、顶部有凹槽的土墩。从远处看去，每个鸟巢就像一个倒立的水盆。有时急躁的火烈鸟不等泥干就匆匆搬入新居。

火烈鸟一般在10~11月份产卵，每次产卵2枚，卵呈淡白色。幼鸟出壳以后，只要羽毛一干，马上就能下地行走，第二天即可下水游泳。火烈鸟游动时，颈伸直向前，颇似游泳健将。

火烈鸟毅力惊人，它们善于长途旅行。过去人们一提到火烈鸟，就把它们同美国的佛罗里达半岛联系在一起，以为火烈鸟的故乡就是在这个半岛上。其实，它们的老家是巴哈马群岛，特别是大伊纳瓜群岛。这里的火烈鸟大约有2万只，是美洲最大的火烈鸟栖息地。每年年末，成群的火烈鸟都要到佛罗里达半岛旅行一次。

火烈鸟也是一种命运多舛的动物。非洲肯尼亚纳库鲁湖被誉为"火烈鸟的故乡"，但这里曾经有一大批火烈鸟连续神秘死亡。后来在一群志愿者的努力下，湖里重新聚居了300多万只粉红色的火烈鸟。近些年来，这里的火烈鸟数量还在不断地增加。

龙文小百科　巴哈马群岛

巴哈马群岛是西印度群岛的3个群岛之一，位于佛罗里达海峡口外的北大西洋上，由700多个海岛和2400多个岛礁组成。巴哈马群岛上的原始居民是阿拉瓦克族印第安人，通用英语，首府是拿骚。巴哈马群岛景色非常美丽，旅游业很发达。

另外值得一提的是，巴哈马群岛上还有美国著名作家海明威的故居，海明威在比米尼这个小岛上生活了3年，写下了获诺贝尔文学奖的《老人与海》。

↑ 巴哈马风光

→ 爱美和倾心交谈的火烈鸟们

057

极乐鸟——来自天堂的鸟儿

极乐鸟,又叫"凤鸟"、"天堂鸟"或"神鸟",是极乐鸟科各种类的通称。南太平洋的岛国巴布亚新几内亚是极乐鸟家族的"大本营",世界上共有40多种极乐鸟,其中绝大部分都生活在这个美丽的国家。

极乐鸟体长一般为16~100厘米,以羽毛异常美丽而著称。极乐鸟是巴布亚新几内亚的国鸟,是独立自由的象征。如果大家看到巴布亚新几内亚独立国的国旗,就会发现,在这个国家的国旗上有一只展翅欲飞的极乐鸟,可见,极乐鸟在这个国家的重要地位和人们对它的喜爱。

人们对极乐鸟的传说多于对它的了解。据说直到19世纪末,还没有一个生物学家知道这种鸟类的生存环境,于是,关于极乐鸟的传说越来越多,而所有的传说都与它的美丽相关。在大约500年以前,当极乐鸟第一次被引入欧洲时,人们就被其羽毛的艳丽色彩深深地迷住了。他们认为这些鸟来自天堂,所以又给它起了个名字,叫"天堂鸟"。

↑ 巴布亚新几内亚的国旗上绘有展翅欲飞的黄色极乐鸟图案

↑ 极乐鸟体态华美,中央尾羽仅存羽轴,延长若金属丝状。

随着时间的推移,关于极乐鸟的著述越来越多,极乐鸟的故事也广为流传。据说,有一个小女孩,当她长到了十几岁的时候还不会走路。一次和家人一起乘船旅游,在船上,她听别人说船板上有一只极乐鸟。小女孩非常想看看这只她梦中都想见到的极乐鸟,于是,一股真切的渴望便演化成了人间的奇迹,小女孩竟然奇迹般地站了起来,并且自己走到了极乐鸟的跟前……

极乐鸟不但样子美丽,而且叫声也非常悦耳,世世代代以来,极乐鸟都是鸟类中的歌唱家,唱着从祖先那里传承下来的歌。相传在遥远的古代,新几内亚岛上的贵族们在宴会时,把极乐鸟与毒蛇放在一起。如果极乐鸟唱得好,那么便免于被毒蛇所杀,否则就要被毒蛇吃掉。而极乐鸟总是能幸免于难。

在大多数鸟类中，只有雄性才有令人惊叹的美丽羽毛，那本是用来吸引雌性的，极乐鸟也不例外。在繁殖季节，雄鸟会选择一根视野开阔、便于看到数只雌鸟的树枝，站在上面对着雌鸟优美地拍打翅膀或上下翻转，令羽毛像耀眼的瀑布般跳跃，以此来展示自己。那些尾羽带有奇异色彩的极乐鸟则会来回飞行。如果一只雌鸟爱上了它所见到的那只雄鸟，就会和它交配，但交配后它会离开雄鸟，独自产卵和抚养幼鸟。看来，虽然雄性的极乐鸟更为漂亮，但是相比之下，羽毛并不艳丽的雌极乐鸟的母爱倒是更伟大。

极乐鸟美丽的羽毛为它招来不少杀身之祸。在极乐鸟的故乡巴布亚新几内亚，世世代代以来，当地人都用极乐鸟的羽毛做举行仪式时用的头饰，但这绝不至于使极乐鸟遭到灭顶之灾。随着欧洲贵族把极乐鸟羽毛视为珍宝，大批利欲熏心的商人纷纷涌入极乐鸟的栖息地，从当地人手中收购极乐鸟。一时间，交易红火异常，大批极乐鸟标本被源源不断地运往欧洲，极乐鸟遭到了过度的捕杀，现在，它们已濒临灭绝，成为了世界濒危野生保护动物。

↑ 极乐鸟的美丽羽毛为它们惹来了杀身之祸。

↓ 关于这种美丽的鸟，有很多传说。

↓ 巴布亚新几内亚是极乐鸟家族的"大本营"。

龙文小百科 巴布亚新几内亚

南太平洋岛国巴布亚新几内亚，位于新几内亚东半部，西邻印度尼西亚伊里安查亚，南隔托雷斯海峡与澳大利亚相望，首都是莫尔兹比港。英语和莫土语是议会中使用的官方语言。以信仰基督教为主。

巴布亚新几内亚1973年12月获得自治，1975年9月16日宣告独立，称巴布亚新几内亚独立国。经济以矿业、农业为主。20世纪80年代发现几处大金矿，成为世界主要黄金产国之一，铜产量亦较大。农业主产咖啡、可可、椰子、菠萝、棕油、橡胶、茶叶、甘薯、稻米等。有食品、木材加工、金属制品等工业。沿海产金枪鱼、鲐鱼等。1992年金、铜分别占出口收入的36.7%与32%，还输出木材、鱼类罐头、咖啡、可可。进口以燃料、机器、牲畜、食品等为主。

剑羚——头顶长剑的"骑士"

剑羚属于偶蹄目，牛科，长角羚属。剑羚可以分为两种，一种为南非剑羚，另一种为阿拉伯剑羚。南非剑羚主要分布在西南非洲贫瘠的干旱地区和热带稀树大草原，在卡拉哈里沙漠和纳米比亚沙漠可以见到它们的踪迹，但数量已经非常稀少，而阿拉伯剑羚已经永远消失在人们的视线中了。

从外形上看，剑羚的毛短而光滑，呈灰色到棕褐色。脸上有黑白斑纹，非常漂亮。头上有一对长长的角，角的长度平均为105厘米，一般是直的，有的稍微弯曲。

从食性上看，剑羚既吃草也吃树叶，因此在青草干枯的时候也能生存。如有可能，剑羚经常饮水，但也能仅依赖水果和蔬菜中的水分而生活。

剑羚是群居动物，在集群中通常按年龄和有统治权的特点划分等级，其领土范围也会根据剑羚性别和所在位置的不同而有所不同。在炎热干旱的环境中，剑羚也

↑ 剑羚长长的角很有特色。

形成了自己独特的与环境作斗争的方式。比如，剑羚既是昼行性的又是夜行性的，在干旱的情况下，剑羚为避免在白天活动而过分失水，便仅在晚上或清早进食。

剑羚对环境的适应能力很强，在很多大型的哺乳动物都不能居住的地方它们也能适应，在高高的沙丘和山上都能生存。剑羚大多生活在沙漠中，沙漠中恶劣的环境对任何生物来说，都是一种很大的考验，这也充分证实了剑羚顽强的生命力。

龙文小百科　阿拉伯剑羚

阿拉伯剑羚原本生活在阿拉伯半岛东南端的干燥平原及沙漠地区，它们喜欢群居生活，群内有一只领头雄羊。白天炎热时，它们躲在阴凉处休息，清晨和傍晚出来觅食。在缺水时，它们能长时间不饮水，身体所需水分主要从瓜类及球茎食物中获取。它们视觉敏锐，警惕性很强。

人类对阿拉伯剑羚的伤害是有一个历史过程的，阿拉伯剑羚的消失也充分地证明了人类对自然的破坏。

阿拉伯剑羚因其肉质鲜美，很早就被人类捕杀。到了19世纪后期，人类不但取食其肉，又对它们那美丽的长角产生了兴趣。打死的剑羚被割下头颅，加工后挂在墙上作为一种装饰品。这就酿成了阿拉伯剑羚的灭顶之灾。到了20世纪，阿拉伯剑羚已所剩无几，政府开始对其进行保护，但非法捕杀的活动从未停止。1950年，最后一只野生的阿拉伯剑羚也被贪婪的猎人射杀了。

金雕 —— 王权的象征

金雕，隼形目，鹰科，雕属，是一种非常珍贵的猛禽。

从外形上看，金雕是非常威武的，头颈上通常有金色的羽毛，黑眼睛，黄色的蜡膜，灰色的喙。黄色的大脚，脚上长满羽毛，爪又大又强健。翼展可达 2.3 米，金雕的飞翔能力非常高超，广阔的天空就是它们的天地。金雕的飞行速度也很快，在追击猎物时，它的速度不亚于猛禽中的隼。正是因为这一点，分类学家最初将它们列为隼的一种。

从生活习性上看，金雕多单独或成对行动，冬季结小群活动，视觉敏锐，性凶猛，飞行速度快且持久。

↑ 凶猛异常的金雕

← 金雕的利爪

↓ 金雕巢中的幼雕

金雕的威武是有目共睹的，也正是因为它们的威武，所以它们和人类的关系是十分密切的，比如古代巴比伦王国和罗马帝国都曾以金雕作为王权的象征。在我国忽必烈时代，强悍的蒙古猎人盛行驯养金雕捕狼。时至今日，金雕又成了科学家的助手，它们被驯养后用于捕捉狼崽，对深入研究狼的生态习性起过不小的作用。当然，在放飞前要套住它们的利爪，以保证狼崽不被抓死。据说，有只金雕曾捕获 14 只狼，它的凶悍程度可见一斑。

金雕的蛋白色、褐色都有，雄雕和雌雕轮流孵化，经过 40～45 天，小雕即可出壳，3 个月以后开始长羽毛。雌雄都尽职尽责，用尽自己的心血来繁衍后代。

金雕是一种领地观念很强甚至可以说是很霸道的鸟类，它们将巢建在高处，如高大树木的顶部、悬崖峭壁背风的凸岩上，因为人和其他动物很难接近这些地方。一对金雕占据的领域非常大，有近百平方千米，对接近它们巢穴的任何动物，它们都会以利爪相向。

金雕的栖息地从北美洲的墨西哥中部开始，沿着太平洋沿岸地区向落基山脉分布，一直延伸到阿拉斯加北部和纽芬兰，也有少量沿阿巴拉契亚山脉向南方的北卡罗来纳州分布。由于金雕数量稀少，处濒危状态，美国联邦政府已颁布法律加以保护。墨西哥把金雕作为国鸟，而金雕的近亲白头海雕则成为美国的象征。

金钱豹——凶猛的爬树高手

金钱豹属哺乳纲，食肉目大型猫科动物。在我国又被称做豹、银豹子、文豹，主要分布在非洲和亚洲，分布于我国的金钱豹有北豹和南豹之分，北豹比南豹的体色浅且金钱斑更为显著。近年来其数量锐减，濒临绝迹。在我国，金钱豹属于国家一级保护动物。

金钱豹威武伶俐，它们的体态似虎，头圆、耳小、尾长。全身呈棕黄色，背部颜色较深，腹部为乳白色，因其全身遍布圆形或椭圆形黑褐色斑点和古钱状的黑环，所以人们才给了它一个"金钱豹"的美名。

金钱豹的繁殖期为冬末春初，繁殖时争雌行为激烈。孕期约3个月，每胎多为3崽，初生幼体500克左右。幼豹于当年秋季就离开母豹，独立生活。

金钱豹多栖息在茂密的森林中，具有隐蔽性强的固定巢穴，以捕食猿猴、野兔、野鹿和鸟类等为生，有时也猎食家畜。豹的体能极强，视觉和嗅觉灵敏异常，性情机警，既会游泳，又善于爬树，无论多么高的树它都能爬上去，并常到树上捕食猿猴和鸟儿，或者潜伏于树杈上一动不动，两眼盯着下面，一旦下面有鹿、野猪或野兔等走过时，便马上跳到它们的背上咬断对方颈项，杀它个措手不及。

金钱豹的毛皮非常美丽，其豹皮素以毛短绒好、花斑清晰、富有光泽著称，为

贪婪的人类所觊觎，豹骨能代替虎骨做药用。也正是因为这些原因，金钱豹成了利欲熏心者捕猎的对象，从而导致了它们数量锐减。目前，金钱豹的数量的减少已经引起了人们的注意，人们正在努力地采取各种措施来遏制这种情况的发生。如今，国际贸易公约也将豹和豹的所有制成品如皮衣、皮褥等，都列入禁止贸易的范围内。这些措施都大大加强了保护金钱豹的力度。

↑→ 凶猛的金钱豹

第1章 世界珍稀动植物博览
动物篇 DONG WU PIAN

金丝猴——最美丽的灵长类动物

金丝猴,在动物分类学上属灵长目,疣猴科,仰鼻猴属。其种类可分为三种:川金丝猴、滇金丝猴和黔金丝猴。主要吃嫩枝、幼芽、鲜叶、竹叶和各种水果。这些美丽的金丝猴身价非同一般,它们与大熊猫齐名,被认为是中国最著名的珍贵动物,在国家公布的一级保护动物中名列前茅。

从外表上看,浑身金黄色绒毛的金丝猴非常漂亮。它们的体长53~77厘米,尾巴与体长差不多。它们喜欢栖息在林木茂盛的高山上,主要在树上嬉戏、活动、摘取食物,如果下地活动,长尾巴就有点碍事了,它们就把长尾巴搭在肩上,这样行动就比较自由了。它们金黄而略带灰色的毛既厚又长,蓝色脸庞上的鼻孔向上翘,嘴唇显得宽厚,因而又名"仰鼻猴"。金丝猴头顶的毛为深灰褐色,颈、颊侧及腹部为红黄至黄褐色,尾为灰白色。雄猴体大,身强力壮,毛色鲜亮;雌猴较小,毛色略浅。

金丝猴一般栖息于海拔1400~3000米或更高的阔叶林和针阔叶混交林带,营树而居,主要活动在高大乔木树冠的顶层,它们爬树灵活敏捷,跳跃能力强。

金丝猴常以家族方式结群生活,几十只结群活动,雌雄老幼一起,由雄猴中的长者带队,最大的群体可达600余只。在灵长类动物中,如此庞大的群体在今天亦属罕见。金丝猴家族的内部等级森严,分工严密,它们有彼此界定的领地。猴群中,通常由一只身体健壮魁梧、经验丰富、智勇双全的猴王统帅。每到一处,猴王便指派若干只机敏的哨猴负责警戒放哨,在森林边缘和接近人烟的地方,还派双岗或三四个岗哨。倘若哨猴发觉一有动静即报信号,群猴皆闻,立刻停止喧闹,静观事态变化,等候猴王的命令。

↑ 金丝猴的面部表情大观

↑ 黔金丝猴,今天吃什么啊?

063

从生殖上看，母猴孕期为5~6个月，多数仅产1崽。母金丝猴对小金丝猴的疼爱是非常感人的，它们无微不至地关心和疼爱自己的孩子，尤其在哺乳期，母猴总是把小猴紧紧抱在胸前，或是抓住小猴的尾巴，根本不让它离开自己半步。在这期间，朝夕相处的丈夫尽管向"夫人"献尽了殷勤：又是理毛、又是捡痂皮，但是也别想摸一摸自己的宝宝，更别提抱抱小猴亲热一番了。母金丝猴总是抱着小猴，把背朝着自己的丈夫，丝毫不给丈夫爱抚子女的机会。

此外，金丝猴的智商很高，记忆力也特别好。动物园里曾经发生过这样一件事：一只猴王脾气很坏，它抓、咬饲养员。饲养员很生气，有一次惩罚了猴王并打了它的屁股。后来饲养员调到其他单位工作去了，事隔半年，他回来看望金丝猴，猴王在众人中一下子认出了他，为了报仇，它急忙寻找土块作为"武器"，朝那位饲养员头上扔去，弄得饲养员哭笑不得。

↓滇金丝猴，来张证件照！

龙文小百科　三种金丝猴简介

川金丝猴也叫"蓝面猴"、"仰鼻猴"，主要分布于四川西部和北部、甘肃南部、秦岭和神农架地区。它们面孔呈蓝色，鼻孔上仰，有古人担心这种特殊的构造在下雨时雨水会落入鼻孔从而灌进肚子里去，所以有的古书记载金丝猴的尾巴分叉，下雨时用两个尾巴尖堵住朝天的鼻孔。其实，在陆生哺乳类中并没有尾巴分叉的动物，这种说法仅是人类想象力的杜撰和幽默。川金丝猴毛色金黄柔软，最长可达10厘米，在阳光下耀眼夺目，非常漂亮。

滇金丝猴又叫"黑金丝猴"或"黑仰鼻猴"，主要产于云南西部。它的体背、体侧、四肢外侧、足和尾呈黑色。其幼猴全身为白色，随年龄增长才能逐渐变成父母的体色。

黔金丝猴是金丝猴中最珍贵的一种。分布于贵州梵净山区，其数量十分稀少，目前国内外动物园均未饲养展出过，所以绝大多数人不能见到。黔金丝猴身上没有"金色"，体毛主要是灰褐色，身上有许多白斑，当地人又称之为"花猴"；因尾巴又黑又细，像牛尾巴，所以又称"牛尾猴"。据目前调查所知，黔金丝猴仅存数百只，已濒临灭绝。

金丝猴不但聪明，而且彼此之间还很有温情呢！它们常互相帮助捉虱子、挠痒痒，天气冷的时候，它们就挤在一起互相取暖。金丝猴对年迈多病的老猴也很照顾，晚辈决不会因为长辈衰老不能自食其力而嫌弃它。每当有老猴病危躺下时，其他猴子便围在老猴身边，周到地进行照料，而且个个都愁眉苦脸，常常泪眼汪汪显得非常悲伤。猴群转移时，常常可以看到许多金丝猴连背带抬地带着老猴搬到新栖息地的动人场面。

今天的人们在金丝猴集中分布的主要栖息地，已分别建立了一批自然保护区，用以保护这些和人类有着渊源关系的伙伴们。

第1章 世界珍稀动植物博览
动物篇 DONG WU PIAN

克拉克织布鸟 —— 动物界的缝纫高手

克拉克织布鸟属鸟纲，雀形目，文鸟科，织布鸟属。主要产于非洲，栖息在亚洲的织布鸟大约有5种。

克拉克织布鸟是一种非常珍贵的鸟类，已被列入濒危动物名单。

那么，大家为什么给这种鸟起了一个如此奇怪的名字呢？

原来，在繁殖期间，克拉克织布鸟常成对地共同在一棵树上营巢。巢呈长把梨形，悬吊于树木的枝梢，以草茎、草叶、柳树纤维等编织而成。有人曾把它们的巢取下来观察过，发现那巢"缝"得非常细密，恐怕有些人也会自叹不如呢，它们不愧为动物界的缝纫高手。

↑ 克拉克织布鸟在筑巢

↑ 密布在树枝上的克拉克织布鸟巢

从外形上看，克拉克织布鸟的大小很像麻雀，喙强健；第一枚飞羽较长，超过大覆羽；大多数雄鸟一年有两种羽色，非繁殖季节雄鸟羽色似雌鸟，繁殖期时羽色上有变化。典型的雄性织布鸟羽毛呈黑色和黄色，雌性不那么显眼，呈淡黄色或褐色，有些像麻雀。

从生活习性上看，克拉克织布鸟主要活动于农田附近的灌草丛中，营群居生活，常结成数十只至数百只的大群。它们性情活泼，主要取食植物种子，在稻谷等作物成熟期间，也窃食稻谷。在繁殖期，它们还兼食昆虫。

克拉克织布鸟喜欢群居，往往在一棵树上筑造有十几个鸟窝。窝里常同住着多对夫妻，不过每对夫妻都有单独进出的门。

孔雀雉 —— 貌似孔雀的鸟儿

孔雀雉,属雉科鸟类,又名诺光贵,留鸟。多分布在我国的云南、海南等地,是国家一级保护动物,在《中国濒危动物红皮书·鸟类》中被列为稀有种。

孔雀雉虽然也冠以孔雀的名字,但是和美丽的孔雀相比,还是逊色了很多。雄鸟全长65厘米左右,雌鸟约50厘米。雄鸟体羽多为乌褐色,密布白色细点和横斑。头顶具有发状冠羽。背、两翅及尾均具有金属蓝,并带紫色大型眼状的斑。喙为黑色,脚为黑褐色。雌鸟羽色较暗,眼状斑不很显著,尾短。雌、雄鸟的翅均较短,不超过30厘米。

从繁殖后代上看,它们通常在2月下旬至3月初开始进入繁殖期。它们多筑巢于密林中的沟谷地及山区耕地附近的次生林中,巢在自然下凹的地面。孔雀雉每窝产卵2~5枚,偶见6枚,孵卵期为21天。

从生活习性上看,孔雀雉多栖息于海拔1500米左右的常绿阔叶林、季雨林及竹林中。孔雀雉的性格很孤高,常单独或呈松散状地成对活动,很少见其结群活动,以昆虫和蠕虫为主食。

在自然环境中,孔雀雉常见的天敌是青鼬,有时也会遭到白昼活动的中型猛禽的捕杀。而造成现在的孔雀雉的数量不断减少的原因还是来自人类的活动,人类的捕杀对孔雀雉构成很大的威胁。几十年来,在海南和西双版纳对橡胶、咖啡、茶叶等热带经济作物的种植和木材的开发利用,使大面积的热带雨林和季雨林被砍伐,这严重地破坏了孔雀雉的栖息环境,致使孔雀雉种群数量相当稀少,已处于相当濒危的境地。

↑ 美丽的孔雀雉家族

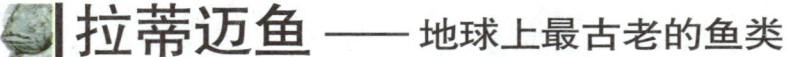

拉蒂迈鱼 —— 地球上最古老的鱼类

拉蒂迈鱼属于腔棘鱼目、矛尾鱼科的唯一一种，是唯一现生的总鳍鱼类，被称为鱼类中的"活化石"。这不仅仅是因为它的数量少、分布狭窄，更重要的是它所蕴含的科学意义。

拉蒂迈鱼是地球上最古老的鱼类，出现在泥盆纪时期，早期生活在容易干涸的淡水河湖中。那时，它们的主要呼吸器官是鼻孔和鳔，后来由于环境的变化，在三叠纪以后，它们来到了海洋，逐渐变成用鳃呼吸。

拉蒂迈鱼的身体圆厚，体表呈蓝色，腹部宽大，嘴里生有锐利的牙齿，属肉食性动物。有意思的是，一位美国科学家在解剖一条拉蒂迈鱼时，在它的输卵管里发现有5条幼鱼，显然，它是卵胎生的。

拉蒂迈鱼是被科学家认为早已灭绝的鱼类，可是在20世纪30年代，人们竟意外地发现了活的拉蒂迈鱼。此后，拉蒂迈鱼仍不断被发现，但迄今为止，全世界也只发现了200条，而且其分布区仅限于非洲南部马达加斯加岛附近海域。

↑ 特征明显的拉蒂迈鱼

↑ 鱼类中的"活化石"——拉蒂迈鱼

第一条拉蒂迈鱼的发现是很偶然的，这个发现有重大的意义，因为自那时开始，拉蒂迈鱼从6500万年前就同恐龙一起灭绝的看法被打破了。

1938年12月22日，第一条拉蒂迈鱼从非洲东海岸的东伦敦岛附近大约73米的深海中被打捞到。可惜它出水后只活了3小时就死了，而且标本保存得不好。这条鱼身长1.5米、重58千克，由于当时没有防腐剂，内脏器官大部分腐坏了，最后只把鱼皮保存了下来。

→ 拉蒂迈鱼的身体结构

身体由有刺的硬鳞包起来。

椎骨和鳍骨由软骨组成，鳍条呈管状。

胸鳍附在柄状骨的前端，动作方便，适于海底爬行。

胃只是大形的袋，肠与软骨鱼类同样具有螺旋瓣。

现存种为了适于海底生活，鳔中充满着脂肪，已失去鳔本身的作用。

↑ 1938年被首次发现的拉蒂迈鱼

↓ 科学家们对拉蒂迈鱼进行研究。

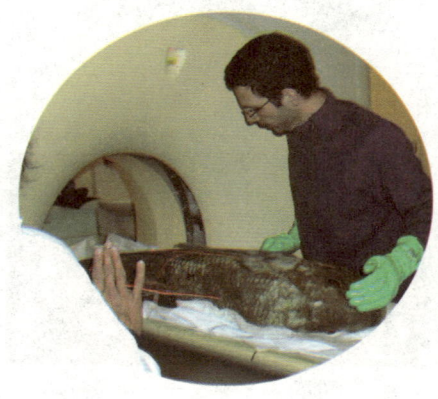

后来相隔14年，在1952年12月20日的夜里，在马达加斯加岛西北的科摩罗群岛附近又得到了第二条拉蒂迈鱼。这条鱼身长1.39米，形状和前次发现的拉蒂迈鱼差不多。有趣的是，当发现拉蒂迈鱼的消息传到南非时，当时的南非总理立即下令，派军舰和军用飞机去取回这条珍贵的鱼。当载着第二条拉蒂迈鱼的飞机降落在南非首府开普敦机场的时候，南非总理亲自赴机场迎接。可见，拉蒂迈鱼是多么的珍贵。当时，他说的第一句话就是："噢，我们的祖先原来就是这个样子。"

人类最后一次发现这个鱼种是在科摩罗群岛附近，这条鱼被钓上来以后养在捕鲸船中，活了19小时。当时法国学者米洛特教授知道后，立即赶到现场，终于看到了活的拉蒂迈鱼。

那么，拉蒂迈鱼到底有什么价值呢？

20世纪80年代以前，科学界一直认为总鳍鱼类中的骨鳞鱼类是陆生四足动物的祖先，而拉蒂迈鱼是骨鳞鱼的近亲，它的现生种类的发现，无疑对研究脊椎动物由水上到陆上的进化提供了解剖学上的重要证据。现在，虽然我国学者已经否定了骨鳞鱼类是四足动物祖先的理论，拉蒂迈鱼不再是四足动物祖先的直接近亲了，但是，拉蒂迈鱼对于了解腔棘鱼类乃至总鳍鱼类的解剖构造、生活习性和进化关系等仍然有重要意义。因此，拉蒂迈鱼仍然是研究生物进化的珍贵的"活化石"。

大家知道，从猿到人不过是人类发展史的最后一个阶段，再向前追溯，就是从水生到陆生了。在研究这一过程的时候，拉蒂迈鱼提供了宝贵的进化信息。

1982年，科摩罗政府将一条珍贵的拉蒂迈鱼浸制标本赠送给我国。这条国内唯一的拉蒂迈鱼标本就保存在北京的中国古动物馆的一层展览大厅内。

→ 科摩罗政府赠送给中国的拉蒂迈鱼标本，现陈列在中国古动物馆的一层展览大厅内。

蓝鹤 —— 南非国鸟

蓝鹤在生物学分类上属于鹤类家族，它们的主要栖息地在南非，是南非的国鸟。但是蓝鹤也会季节性地跨越国界，飞到邻近的斯威士兰、博茨瓦纳，甚至津巴布韦等国家，偶尔还会在这些地方筑巢。不过，可以肯定的是，99%的蓝鹤是以南非为家的。

蓝鹤是一种高雅而美丽的鸟，它们的个头比较大，体形独特优美，外表安详而自信。尤其是当它们偶尔像芭蕾舞者那样旋转着翩翩起舞，或是快乐地"高歌"时，更能充分展示它们超凡脱俗的气质。

← 南非的国鸟蓝鹤

从外形上看，蓝鹤的羽毛多层、柔美而修长。它的头形很一般，仿佛只给自己挑选了一顶朴素无沿的便帽。但头后部的羽毛却特别长，顺顺滑滑地构成一个弧形，使头部看起来非常圆润，同时也将脖颈衬托得更加纤细。

蓝鹤一般在春天筑巢孵蛋，通常一窝蛋只有2枚。新生的小蓝鹤表现得十分好斗，如果不及时将同一窝的两只雏鸟隔离开来，肯定会造成二者相斗，两败俱伤，甚至双双死亡的恶果。

在鹤类社会，一旦双方确定了配偶关系，那么彼此便会"从一而终"，直至其中一方去世。蓝鹤也是这样的。令人称奇的是，双方只要"结了婚"，肯定会形影不离，极少出现一方远离到对方视野以外的情况。甚至在非繁殖期，当"夫妻俩"要暂时回到群体中过集体生活时，它们仍会恩爱有加，如影随形，时刻保持着亲密状态。

身为南非的国鸟，蓝鹤的命运并没有因为它们高贵的地位而改变。蓝鹤的悲惨命运首先源于人们不负责任地滥施农药，更为恶劣的是，有些农民在发现蓝鹤"入侵"他们农田的时候，会有目的地针对蓝鹤施放毒药。导致蓝鹤生存条件恶化的另一个原因在于，蓝鹤的栖息地也正因遭到人类的破坏而不断地萎缩，甚至很多蓝鹤已经到了无家可归的悲惨境地。

所幸的是，近几十年来，南非已经加大了对蓝鹤的保护力度，比如政府在全国范围内普遍开展了沿路计算蓝鹤数量的活动，以监控蓝鹤的数量。这种努力是具有典范作用的，它为其他地方的鸟类保护工作树立了榜样。

蓝鲸——海洋中的"巨无霸"

蓝鲸,又叫剃刀鲸,哺乳纲,鲸目,鳁鲸科。蓝鲸分布甚广,从北极至南极的海洋中都有,南极为数最多。

← "海洋巨无霸"的尾巴

↑ 蓝鲸排山倒海般的喷水

→ 这仅是蓝鲸的头的一部分

蓝鲸是地球上现存动物中体形最大的鲸,一头新生幼鲸的身长就达7米左右,体重达2吨或更重,每天吃半吨多奶;一个星期后,体重就增加1倍;到6个月断奶的时候,幼鲸的身体会加倍的增长。一头成年蓝鲸的体长可达31米,平均体重150吨,最大者达190吨,几乎是非洲公象体重的30倍!它的一只舌头就有3~4吨,足以装满一辆解放牌大卡车。它的躯体表面看上去呈蓝灰色或黄褐色,这是由于它的皮肤上覆盖着一层黄褐色硅藻膜,其实它的真正颜色为黑色,寿命约为110年。

蓝鲸爱吃个头很小的浮游动物,特别爱吃磷虾。蓝鲸吃东西时,张开巨口,让海水和浮游动物一齐涌入,大有汇纳百川之势,然后把嘴一闭,海水从须缝里排出,滤下的小动物便吞入肚中。蓝鲸的胃口极大,每餐可吃1吨磷虾,一天可吃4~5吨,真可谓是"吃饭冠军"。

蓝鲸虽然生活在海里,但它却是货真价实的哺乳动物,因为它是用肺呼吸的,因此每隔10~15分钟便露出水面呼吸。此时,它会先将肺中的二氧化碳从鼻孔中排出体外,然后再吸气。它排出灼热的二氧化碳废气时会伴有尖厉的响声,并把附近的海水也卷出水面,在海面上就会出现一股奇特而壮观的白色雾柱,柱高达10米左右。

虽然蓝鲸庞大无比,但其性情温顺,而且全身都是宝。比如占蓝鲸体重27%的脂肪是提炼工业生产用的高级润滑油的原料;鲸须又是制作高级工艺品的贵重材料,因此它也成为了贪婪的捕猎者们争夺、猎杀的对象,这使蓝鲸的数量急剧减少,濒临灭绝。如今,在世界范围内已全面禁捕这种庞然大物。

蓝鹇 —— 台湾特有的美丽鸟

蓝鹇别名蓝腹鹇，属于雉科，为我国台湾省特产鸟类。蓝鹇的发现者为英国博物学家、外交官罗伯特·斯温侯，而蓝鹇的拉丁学名（*Lophura swinhoii*）正是以这位19世纪著名的鸟类学家的名字命名的。它被列入《濒危野生动植物种国际贸易公约》附录Ⅰ中，在1994年又被世界自然保护联盟列为濒危种。

↓ 美丽优雅的一家三口

雄鸟的羽冠和背部为白色；上体余部及下体羽毛为黑色并闪蓝色金属光泽；肩羽为红褐色；脸部裸皮、肉冠及肉垂为鲜艳的红色；尾羽除中央一对为白色外，其余皆为蓝黑色；脚为鲜红色。雌鸟体羽以红褐色为主，杂以黑纹及黄斑。蓝鹇体长约80厘米。

蓝鹇的繁殖期为每年的3~7月份，其筑巢于地面上，以细枝干叶为材料。每窝产卵5~8枚，卵为淡黄色，无斑点。蓝鹇多栖息于海拔2000~2300米的山地原始阔叶林地，偶见于海拔很低的稠密丛林间。其食物为草莓和植物的幼芽、嫩叶、根及草中的昆虫、蚯蚓等。蓝鹇生性机警，多于黎明或薄暮时分出来活动，并沿着开阔的林间小道觅食。夜间在低树干上栖宿。鸣声低沉混浊，似"咯、咯"声。蓝鹇常常悄然无声地活动，加之活动环境幽深，通常不易见到。

台湾岛内原住民自古以来就有狩猎蓝鹇、以其美丽的尾羽作帽饰的习俗，这对蓝鹇构成一定的威胁，但最大的威胁还是来自于山地开发之后移民的捕猎行为。在20世纪50年代到60年代，尚未实施全面禁猎政策之前，许多到台湾观光的旅游者在购买纪念品时，喜欢带美丽的动物标本回去，这也刺激了对蓝鹇的捕猎行为。另外，近几年来，人类的设施建设也使得蓝鹇的数量急剧减少，比如开发公路、水利及电力，使森林面积不断缩减，破坏了蓝鹇的栖息地。所以，对蓝鹇的保护也是一个全方位的事情。从20世纪70年代开始，科学家们将饲养的蓝鹇重新放飞到野外。经过多年的努力，野生蓝鹇的数量已相当可观，现在首要的问题是如何加强栖息地的保护和管理。

领狐猴 —— 森林中的长尾歌者

领狐猴又名领毛狐猴、斑狐猴，灵长目，狐猴科，领狐猴属，是狐猴科中体形最大的一种。目前的数量已经非常稀少了，属于珍稀保护物种。

领狐猴的分布量很少，它产于马达加斯加岛东部的赤道雨林，从北至马索拉半岛，南至法腊方加纳等地可以看见它们的踪迹。

从外形上看，领狐猴的身长为60～75厘米，而最令人叫绝的是它们那条长长的尾巴，几乎与身体等长。眼珠呈金黄色，总是瞪得圆圆的，煞是可爱。它们的头为黑色，耳朵上有白色簇毛，尾巴亦为黑色，腿比臂长得多。

↓ 跑动中的领狐猴

↑ 领狐猴社会执行一夫一妻制。

领狐猴的生活习性与其他狐猴相近，但又有许多与众不同之处：它们整个猴群很像是一个小社会，而组成社会的小单元就是一夫一妻的家庭，居群之间虽无领土防御行为，但其沙哑的、拉锯般的啼叫，就是相互警告的信号。

我国著名诗人李白曾写过这样的诗句："两岸猿声啼不住，轻舟已过万重山。"形容的就是猿猴高亢的叫声。领狐猴的叫声也是如此，当它们开始用各种声调不同的叫声交流的时候，那种独特的声音在森林中此起彼伏，遥相呼应。群猴"齐唱"时，叫声忽高忽低，沙哑而苍凉，常会给神秘幽暗的森林增添些扑朔迷离的气氛。

领狐猴和其他的猴子一样，树林是它们的栖息场所。领狐猴多栖居在树林冠层，以四足运动方式为主，但常有垂直攀跳动作，这是其原始步态的遗留。休憩时常蹲坐在树干枝杈部位。

领狐猴的生殖方式也很特殊。领狐猴的生殖高峰集中在10月份和11月份，每次产2～3崽。在非繁殖季节，雌猴的阴道闭合，发情期仅1～3天，交配期更短，仅限于12小时内，孕期为102天，这样短的生殖周期与领狐猴硕大的体形很不相称。可能正是由于这个原因，初生的小猴发育尚不完全，出生时体重仅约100克。

初生小猴已睁眼、长毛，但体质极弱，无力抓住母体。幸好母猴总是在分娩前修筑好"产房"，用干草树叶和自身的腋毛铺垫成小窝，可供小猴舒服地度过"满月"。需要移动时，母猴便用嘴叼着小猴走，显得亲切动人。

第1章 世界珍稀动植物博览

动物篇 DONG WU PIAN

绿孔雀——舞姿翩翩的"疾行军"

↓美丽的雄绿孔雀

绿孔雀属大型雉科鸟类，别名爪哇孔雀，在我国主要分布于云南的低山河谷地带，在国外主要分布于缅甸、印度阿萨姆、泰国、老挝、越南、柬埔寨、马来半岛和爪哇岛等地区。现有分布区内绿孔雀的数量累计共有635～950只，我国已将绿孔雀列为一级保护珍禽。

绿孔雀的雄鸟体羽呈翠蓝绿色，颈部、胸部和背部的羽片有金黄色的宽缘和蓝绿色的狭缘，呈鳞斑状花纹，头顶有一簇翠蓝绿色的冠羽，尾上覆羽特别发达，有百余枚，并有紫、黄、蓝、绿多种颜色构成的眼状斑纹，形成孔雀特有的尾屏。在金色阳光的照耀下，其尾羽光彩夺目，这就是人们常说的"孔雀开屏"。雌鸟羽色以褐色为主，带绿色辉光，无尾屏。

虽然绿孔雀的鸣声洪亮，响彻山谷，但是它们的声音并不悦耳。它们的双翼不太发达，飞行速度慢而显得笨拙，只是在飞落下降时才稍快一些。它们的腿强健有力，善疾走，逃窜时多是大步飞奔。在觅食时，行走姿势与鸡一样，边走边点头。

绿孔雀通常在每年的2月下旬开始进入繁殖期，春暖花开的时节，孔雀开始发情，雄孔雀追随于雌孔雀周围，并把鲜艳夺目而具有眼状的尾羽完全展开，状如扇子，并不断抖动，互相摩擦而发出"沙、沙、沙"的声音以显示健康美丽的雄性性征。它们经常将巢筑于浓密的灌木丛、竹林中，雌鸟每窝产卵4~8枚，卵为乳白、棕或乳黄色。雌鸟孵卵，孵卵期为27～30天。

绿孔雀多栖息于海拔2000米以下的热带、亚热带低山河谷地带，停栖于谷地山坡、高大的乔木树上，多是一只雄鸟伴随3~5只雌鸟和幼鸟在开阔的稀树丛林里活动。杂食，嗜食棠梨、黄泡等果实及稻谷、豌豆等作物，亦食昆虫。

孔雀的美丽羽毛，历来是人们喜爱的装饰品。清代时，人们经常用孔雀的羽毛与褐马鸡尾羽配合制成"花翎"，以翎眼多寡区别官阶等级。

令人担忧的是，由于森林植被被破坏以及人类乱捕滥猎，绿孔雀的数量已逐年减少。20世纪80年代以来，我国加强了关于自然保护的宣传，并加大了对绿孔雀的保护力度，绿孔雀的数量正在不断增加。

↑夺目的惊艳——孔雀开屏

马来貘——马来西亚国宝

↑ 彩色世界里的"黑白配"

马来貘,为奇蹄目动物,分布于缅甸、泰国、马来西亚及印度尼西亚的苏门答腊等地,属世界一级保护动物,被列入《濒危野生动植物种国际贸易公约》附录Ⅰ中,是马来西亚的国宝。

世界上一共有4种貘,马来貘是其中体形最巨大的一种,它们的头部、肩部、前肢和后肢为黑色,其余部位均是白色。这种黑白分明的毛色看起来似乎很醒目,但人们很难想到,在月夜的阴影中这样的毛色却能与周围环境融为一体。

在生活习性上,马来貘通常单独或结小群活动。马来貘主要栖息在热带丛林和沼泽地带,和很多热带动物的习性一样,为了躲避白天酷热的天气,马来貘养成了昼伏夜出的生活习性。它们嗅觉与听觉敏锐,视觉差,性机警、温顺而胆小,能够快速奔跑,喜欢在泥中跋涉,还善于游泳。作为"游泳健将",不仅游的快,还能在水底潜水10分钟以上。马来貘以水生植物的枝、叶与低矮植物上的果子等为食。

从生殖上看,马来貘繁殖期不固定,孕期390~400天,每次产1崽,偶有2崽,4~5岁时性成熟。马来貘新生幼崽的毛色与亲兽完全不同,不是黑白两色而是全身棕色并带有黄色和白色的纵向条纹及斑点,通常在6~8个月时变换毛色,逐渐脱颖成亲兽的毛色。马来貘的寿命约为30年。

人类的活动给马来貘造成了很大的影响,自20世纪30年代以来,由于它们栖息的热带雨林被大面积砍伐,改变成农田和人造林,使得它们的数量骤减。虽然政府有积极的保护政策,但没能改变状况,马来貘至今仍面临着危机。

← 幼小的马来貘身披带有条纹和斑点的棕毛。

→ 马来貘母子

第1章 世界珍稀动植物博览
动物篇 DONG WU PIAN

蟒蛇——蛇中巨人

蟒蛇，别名蚺蛇，属于爬行纲，蟒蛇科，无毒。在我国，蟒蛇主要产于云南、贵州、福建、广东、海南等地；也产于印度、斯里兰卡及东南亚一带。目前野外的数量已经很少，属于国家一级保护动物。

蟒蛇是中国蛇类中最大的一种，其体长可达6米多，体色为黑色，有云状斑纹，背面有一条黄褐斑，两侧各有一条黄色带状纹，腹面为黄白色，有少数黑褐色斑。头颈部的分区也很明显；头顶背面的斑块呈矛形；眼小，瞳孔直立，呈椭圆形；肛孔两侧有后肢残余，呈爪状。

从繁殖方式来看，蟒蛇一窝可产下10~100个蛋，数量的多少由蛋的大小而定。孵化期为60~80天。

蟒蛇主要栖息于热带和亚热带丛林中，善攀缘，亦可栖于水中，夜间活动。蟒蛇是一种非常恐怖的动物，由于它们躯体非常庞大，所以几乎没有什么天敌了。蟒蛇对森林里的大多数动物都具有很大的威慑力，主要以鼠、兔、鸟、蜥蜴及家禽等为食。它在吃东西的时候，真可以用狼吞虎咽来形容，而且食量很大，有时可吞食几十千克重的小牛。当它们捕食较大的猎物时，通常是把猎物缠紧，待其窒息后再吞食。

蟒蛇作为威猛的象征，在古代深受帝王的青睐，因此，蟒袍便是中国古代帝王将相等高贵身份的人物所通用的礼服。明代"蟒衣"本是皇帝对有功之臣的"赐服"，至清代，蟒衣则列为"吉服"，凡文武百官，皆衬在补褂内穿用。衣上的蟒纹与龙纹相似，只少一爪，所以，人们把四爪龙称为"蟒"。

但令人遗憾的是，由于它们是在盛宴上很受欢迎的野味，所以人们为了获取它们的肉和皮，经常猎杀它们，使得蟒蛇的数量逐年减少，现在已处于濒危状态。

↑ 缠绕在树上的巨蟒

↑ 蟒蛇的头部特写

← 这样的大嘴和利齿有点吓人

牦牛——"高原之舟"

牦牛，也称犛牛、氂牛等，属哺乳纲，牛科，大型反刍动物。牦牛的世界通用名为雅克，是藏语的音译。牦牛原产于亚洲中部山地，是世界上生活在海拔最高处的哺乳动物。在我国主要分布于青海、西藏及其邻近海拔3000米以上的高寒地区。我国牦牛占世界总数的85%，其中多数生长在青藏高原。我国著名的牦牛品种有麦洼牦牛、天祝白牦牛、青海高原牦牛，它们都是我国的珍稀动物。

乍看上去，牦牛的外貌有些吓人：身躯不算高，但粗健肥壮，成年公牛的体重为400～500千克；全身披满了黑色的绒毛，除了浓厚的绒毛外，在肩、胁、股、下腹等部位生有一尺来长的长毛，密密地下垂。牦牛的叫声似猪，尾型似马尾，所以又称它为猪声牛或马尾牛。

牦牛通常都生长在海拔3000～5000米的高寒地区，能耐-40℃的严寒，海拔6400米处的冰川是牦牛爬高的极限。野牦牛一年四季生活的地方都不一样，冬季聚集到湖滨平原，夏秋到高原的雪线附近交配繁殖。野牦牛性情凶猛，人们一般不敢轻易触动它。我国古代时期，牦牛的分布曾极为广泛，由于生态环境的变迁和人类活动的影响，牦牛的生存范围已大大缩减。

我们今天看见的牦牛都不是真正意义上的牦牛。牦牛的祖先是野牦牛，高原居民早在新石器时代晚期就开始驯化它们，使其服务于人类。牦牛体大毛长，耐高寒，耐粗饲，蹄质坚实，在空气稀薄的高山峻岭间善驮运，素有"高原之舟"的美誉，已经驯化的牦牛是我国西藏牧区群众重要的生活帮手。

野牦牛很少接近人类，它们虽然对人类不感兴趣，但是却对人类饲养的家牦牛非常感兴趣。在我国青藏高原，常发生野牦牛"拐走"家养牦牛的事。这些被"拐走"的家养牦牛大多是雌性，是被野公牛"拐带私奔"的。如果发现家养的母牦牛已经怀孕，牧民们会欢天喜地地把母牦牛迎回家，因为和野牦牛杂交生下的牦牛体力好、驮物多、耐疲劳，所以，母牦牛"私奔"还是件大喜事呢。

藏族人民的生活和牦牛是分不开的，藏族人民的衣食住行烧耕都离不开它：西藏人喝牦牛奶，吃牦牛肉，烧牦牛粪；它的毛可做衣服或帐篷，皮是制革的好材料；它既可用于农耕，又可在高原作为运输工具；牦牛还有识途的本领，善走险路和沼泽地，并能避开陷阱择路而行，可作旅游者的前导。

↓牦牛素有"高原之舟"的美誉。

梅花鹿——鹿中美人

梅花鹿属偶蹄目，鹿科。野生的梅花鹿曾在我国广泛分布，东北、华北、华东、中南地区都曾有过梅花鹿。但目前华北的梅花鹿已经绝迹；在华东，仅江西彭泽县的桃花岭，据估算还有100头左右；原来产鹿数量较多的东北、中南，野生梅花鹿的数量也十分稀少了。现在，野生梅花鹿已被列为国家一级保护野生动物。

梅花鹿是一种中型的鹿类，体长约150厘米，尾长12~13厘米，体重70~100千克。它们体形匀称，体态优美，毛色随季节的改变而改变，夏季体毛为栗红色，无绒毛，在背脊两旁和体侧下缘镶嵌着许多排列有序的白色斑点，

↑ 有着一对壮硕大角的雄梅花鹿

状似梅花，在阳光下还会发出绚丽的光泽，因而得名。冬季体毛呈烟褐色，白斑不明显，与枯茅草的颜色差不多，借以隐蔽自己。其颈部和耳背呈灰棕色，一条黑色的背中线从耳尖贯穿到尾的基部，腹部为白色，臀部有白色斑块，其周围有黑色毛圈。

梅花鹿的头部略圆，面部较长；鼻端裸露；眼大而圆，眶下腺呈裂缝状，泪窝明显；耳长且直立；颈部长；四肢细长；主蹄狭而尖，侧蹄小；尾较短。雌兽无角，雄兽的头上有一对壮硕的大角，角分4杈，眉杈和主干成钝角，在近基部向前伸出，次杈和眉杈距离较大，位置较高，故人们往往以为它没有次杈，主干在其末端再次分成2个小枝。主干一般向两侧弯曲，略呈半弧形，眉杈向前上方横抱，角尖稍向内弯曲，非常锐利，是其生存斗争的有力武器。

← 美丽温驯的梅花鹿

↑梅花鹿锐利的角尖是其生存斗争的有力武器。

梅花鹿在8~10月份发情交配,孕期为230天左右,次年4~6月份产崽,每胎1崽,幼崽身上有白色斑点。

梅花鹿很机警,它的嗅觉、听觉都很敏锐,在觅食时它们多迎风而立,因为这样更利于嗅到敌兽的气味、听到敌兽的声音,一旦有所察觉,它们就会停止觅食和嬉戏,静听动静,如果确认有敌情,会立刻迅速奔逃。

梅花鹿多生活于森林边缘或山地草原地区,当然,它们也会根据季节的变化而迁徙。梅花鹿是反刍动物,以青草、树叶为食,好舔食盐碱。雄鹿平时独居,发情交配时,雄鹿间争雌的格斗很激烈。

由于梅花鹿外表娴静,所以,人们也赋予了梅花鹿许多特殊的文化内涵。比如古代常将"梅花鹿"与"梅花榜"相联系:清代时,在鲁迅故乡绍兴一带,科举考试之取录名单发榜时写成"梅花榜"——每一榜50名,第一名提高大写,第二名排在右下方,余者如是依次按顺时针方向写去,至第五十名时刚好排在第一名的左下方,构成一幅由人名编织的圆形梅花图案,即被称之为"梅花榜"或"梅花图"。

梅花鹿具有很高的经济价值和药用价值,不过现在用以制药、制革的原料,都来自人工饲养的梅花鹿。由于人类过度的捕杀,野生梅花鹿数量极少,现人工养殖种群已达数十万只。为了野生梅花鹿的繁殖,国家也已划定了一些野生梅花鹿的自然保护区。

龙文小百科 反刍动物

反刍动物是指那种分两个阶段进行消化的动物,具体的是首先咀嚼原料吞入胃中,经过一段时间以后将半消化的食物反刍再次咀嚼。反刍动物包括牛、羊、骆驼、鹿等。反刍动物在解剖学上的共同特征是均为偶蹄类。

反刍动物的胃分为4个胃室,分别为瘤胃、网胃、重瓣胃和皱胃。前两个胃室将食物和胆汁混合,特别是使用共生细菌将纤维素分解为葡萄糖,然后反刍食物,经缓慢咀嚼并混合唾液,进一步分解纤维。重新吞咽后经过瘤胃到重瓣胃,进行脱水,然后送到皱胃,最后送入小肠进行吸收。

美国埋葬虫 —— 自然界的"清道夫"

埋葬虫，又叫锤角甲虫，属于昆虫中最大的一个目——鞘翅目，埋葬虫科。埋葬虫的生活史是经卵—幼虫—蛹—成虫四个阶段，属于完全变态的昆虫。据美国鱼类和野生动物保护组织的调查，美国埋葬虫的数量在急剧减少，因此被列入濒危动物的名单中，并且正在采取各种保护措施以使其免于绝种。

埋葬虫看起来很不起眼，平均体长大约为1.2厘米，最长的也不超过3.5厘米，它们的体表有的呈黑色，有的呈明亮的橙色、黄色、红色，色彩鲜艳斑斓。

↑ 美国埋葬虫标本

那么，人们为什么会给这种昆虫起这样一个名字呢？因为在全世界大约175种埋葬虫中，大部分都以食用动物死亡和腐烂的尸体为生，终生都要和动物的尸体打交道，把它们转化成在生态系统中更容易被分解的物质。埋葬虫就像自然界里的清道夫，起着净化自然环境的作用，对人类来说，在野外亏得有这样的清洁工，否则动物尸体腐烂发臭，还可能传染疾病。

↑ 埋葬虫找到一份大餐。

埋葬虫中有些住在像蜂房一样的巢穴里；有些，特别是那些没有眼睛的种类则住在洞穴里，以蝙蝠的粪便为食。这种昆虫之所以具有食尸的本领，主要归功于它极为灵敏的嗅觉，这使它在很远处就能闻到动物尸体的气味。但它们从不吃腐尸，而是用它来喂养幼虫。埋葬虫经常把卵产在动物的尸体上，幼虫孵化出来以后，开始的两三天里靠父母反刍出来的褐色液体生活。

↓ 埋葬虫的巢穴示意图

在美国，埋葬虫数量的减少已引起了人们的关注，虽然有的人会说，干吗去关心这些绝大多数人连见都没有见过的小虫？但是人类智慧的回答是：地球上各种生物之间是一个相互联系的网，如果一种动物或植物消失了，就会波及其他生物，并最终会影响到我们人类的生活与生存。

美洲野牛——命运多舛的野牛

↑ 美洲野牛

美洲野牛属原共有6种，但只有2种现存的野牛——美洲野牛和欧洲野牛。美洲野牛又名美洲水牛，是北美洲体形最大的生物，其体长可达3~4米，高大英武。它们像驼峰一样的肩部长满了长而蓬松的粗毛，头、颈和前身的毛比欧洲野牛更长更密，躯体更矮些，骨盆也更小些，它的后身没有欧洲野牛那么发达。总的看来，美洲野牛的躯体较欧洲野牛更粗壮些，四肢不如欧洲野牛的长。它们的嗅觉好而视觉差。春天时，长在身体后部及下部的柔软茸毛会脱落。

如果说美洲野牛健壮的身体看起来就已经很有震慑力，那么当美洲野牛大规模迁徙或是彼此斗争时的情景就更为壮观了。据说曾有约6000万头美洲野牛游荡在格雷特辽阔的草原上，它们为寻找新鲜的草料而不断迁徙，始终沿着被称为"野牛踪迹"的固定路线行进，人们一眼看去浩浩荡荡，尘土飞扬，场面非常壮观。

另外，成年美洲野牛争斗的情景也颇为激烈。它们通常只在繁殖季节为了争夺与雌性的交配权而发生冲突。它们常常以在尘土中打滚、继而晃动头部来摆开决斗架势。这时，通常有一头野牛会让步，否则，一场争斗就不可避免了。在争斗中它们会彼此以头猛撞，撞得一大堆毛发在空中飞扬。接着，它们又相互绕圈，再突然转身冲击，试图用角刺伤对手。

美洲野牛的寿命为18~22年，它们大都在7~9月份交配，翌年5~6月间产崽，孕期274天左右。幼兽与母兽一起生活，直到它们发育成熟，而且野牛群体也会保护幼兽。

美洲野牛的命运可谓是几经波折。过去在北美有5000~6000万只美洲野牛遍布落基山以东广大地区，主要生活在大平原地带。后来随着白人大量移民到美洲，它们的生活区域越来越小，并且遭到了人们的疯狂捕杀，曾一度濒临灭绝。幸亏后来许多有识之士大力倡导和宣传禁猎活动，并把残存的个体集中到几个保护区内才使其得到繁衍生息，例如在美国的黄石国家公园里就能见到它们的身影。迄今为止，已有3万多只美洲野牛在半野生状态下生存。

欧洲棕熊 —— 传递国际友谊的使者

棕熊包括阿拉斯加棕熊、北美灰熊和欧洲棕熊等种类，而欧洲棕熊是其中最小的一个亚种，有的成年雌性体重只有90千克。

欧洲棕熊在俄罗斯广有分布，在俄罗斯以外的欧洲地区主要生活在罗马尼亚和巴尔干地区。在英国也曾有欧洲棕熊存在过，但在几百年前就灭绝了。

欧洲棕熊为趾行性动物，这使它的动作很像人类。它们主要生活在植被茂盛、水源富足的森林地带，以兽类、鱼类、植物等为食。和所有的熊一样，蜂蜜和鱼是它们的最爱。

成熟的雌性欧洲棕熊每胎产1~2崽，幼崽会和母亲共同生活2年甚至更长的时间，以便学习如何捕猎与觅食。

由于人类的过度捕杀，欧洲棕熊曾经大量减少并陷入濒临灭绝的境地。据统计，1989年在罗马尼亚生活着7780头欧洲棕熊，但到了2003年，这个数字已经下降到了1800~2000。

正是由于欧洲棕熊的数量的减少，所以它的身价倍增。1971年罗马尼亚政府总理毛雷尔作为回赠礼品送给周总理一对欧洲棕熊（1965年11月周总理曾送给毛雷尔一对东北虎）。可喜的是，现在这对欧洲棕熊已是子孙满堂了，我们可以在北京动物园看见它们的踪影。

近年来，由于人类保护动物意识的增强，加之人为干预的结果，欧洲棕熊的数量有所增加。

↓鱼儿是欧洲棕熊的最爱

↓欧洲棕熊是棕熊种中最小的一个亚种。

阿拉斯加棕熊　体长 280~300 厘米
　　　　　　　体高 120~150 厘米

北美灰熊　体长 250~280 厘米
　　　　　体高 100~120 厘米

欧洲棕熊　体长 240 厘米
　　　　　体高 135 厘米

← 2007年，一头重达700千克、来自俄罗斯的欧洲棕熊到达杭州动物园，前来"相亲"。当人们想要将这个庞然大物弄下车时，它突然"发威"。情急之下，动物专家们紧急对其施行药物麻醉，这家伙挨了5针才趴下打起了响鼾。可你知道吗，一般的猛兽只需一针就乖乖睡倒了！

婆欧里鸟 —— 离灭绝危险最近的鸟儿

婆欧里鸟主要分布在夏威夷群岛中的第二大岛——毛伊岛的热带雨林中。那里海拔1370～1980米、年降水量近9000毫米。1973年，夏威夷大学研究雨林生物的3名学生首次发现了婆欧里鸟。从当时发现的鸟类化石判断，这种鸟曾经分布广泛。由于外形和行为与其他鸟类差异很大，因此科学家将它们归为夏威夷蜜旋木雀家族下的一个新鸟种。

婆欧里鸟外形靓丽，有着黑色的头、白色的脸颊和胸脯，尾巴上还有几条浅红褐色的斑纹。它们的身长只有14厘米左右，看起来小巧玲珑，大小基本上和蜂雀差不多，叫声听起来像滴水声。由于婆欧里鸟的个头小、飞行速度快、行踪隐秘，又喜欢生活在地形陡峭险峻、植被浓密潮湿的热带雨林中，所以我们很难看到它们的踪迹。

婆欧里鸟在世界上的数量一直很少，自20世纪70年代中期开始，婆欧里鸟就已经成为珍稀的鸟类了，当时它们的数量大约有几百只。但到了2004年时，据专家统计，婆欧里鸟在全世界仅剩下3只——一雄两雌，它们成了离灭绝危险最近的鸟类。

面对仅剩下3只婆欧里鸟的严峻局面，人们开展了积极的拯救工作。2004年9月，美国研究人员宣布，已成功捕获了一只雌性婆欧里鸟，接下来就是要捕获尚存活的雄鸟，以完成"圈养繁殖计划"，拯救这种濒危的鸟类。

客观地说，拯救工作是非常艰难的。首先，当地的野猪、野山羊已经将婆欧里鸟赖以生存的自然环境破坏殆尽；其次，即使雄性的那只婆欧里鸟最终被抓住与雌鸟配对，也无法确保繁殖成功。因为这3只鸟至少7岁了，已超过鸟类最佳的繁殖年龄。如果一旦最后的努力也宣告失败，婆欧里鸟将不得不与其他濒临灭绝的夏威夷鸟种一样，在不久的将来永远在人们的视线中消失。

↑ 形色特殊的婆欧里鸟

龙文小百科 夏威夷群岛

夏威夷群岛位于太平洋的中北部，由夏威夷岛、毛伊岛、瓦胡岛、考爱岛等火山岛和珊瑚岛组成，西北—东南延伸2400多千米，其面积16729平方千米。

在夏威夷群岛的诸多岛屿中，仅10个大岛有居民，人口117.9万（1994年），以亚洲移民后裔和波利尼西亚人为主。有热带海滨和火山奇观以及独特的文化风情，是著名的度假、游览胜地。

儒艮 —— 童话里的美人鱼

美人鱼的学名叫儒艮，属哺乳纲，海牛目，儒艮科，为海生草食性兽类，它的名字是由马来语直接音译而来的。儒艮的分布与水温、海流以及作为其主要食物的海草分布有密切关系。在国外，儒艮分布于印度洋、太平洋周围的一些国家；在我国，主要分布于广东、广西、海南和台湾南部沿海，属于国家一级保护动物。

儒艮的身体呈纺锤形，长约3米，重300～500千克。全身有稀疏的短细体毛，没有明显的颈部，头部较小，头骨厚大；上嘴唇似马蹄形，吻端凸出有刚毛，两个近似圆形的呼吸孔并列于头顶前端；无外耳廓，耳孔位于眼后；儒艮的前肢呈鳍状，没有指甲；后肢退化；尾鳍宽大，后缘内凹呈新月状，左右两侧扁平对称；在它的鳍肢的下方具有一对乳房；背部以深灰色为主，腹部稍淡。

儒艮多以2～3头的家族群活动，在隐蔽条件良好的距海岸20米左右的海草丛中出没，有时随潮水进入河口，取食后又随退潮回到海中，很少游向外海。由于儒艮行动迟缓，虽然常年生活在海中，但水下功夫非常一般，游泳时，时速不过2海里左右，即便是在被敌人追赶时，逃跑的时速也超不过5海里。正因为它能吃但又不愿动，所以养得膘肥体胖。

正如图片显示的那样，儒艮的形象不仅不美，而且还很丑陋，尤其是它那像老鼠一样的眼睛，鼻孔顶在头上，耳朵无耳沿，皮为灰白色，两颗獠牙从厚嘴唇边露出，毫无通常意义上的美感。说它是美人鱼，是因为它在生活习性上有着和人类相近的地方，就是幼儒艮都是吮吸妈妈的乳汁长大的。儒艮的体形也确实有类似人类女性的地方，它有进化了的前肢，胸鳍之间长着一对较为丰满的乳房，其位置与人类非常相似。所以在它偶尔腾流而起，露出上半身出现在海面上时，远远望去，真有点妇人模样。

因为它的油可入药，肉味鲜美，皮可制革，所以儒艮常常成为人类逐利者的捕杀对象。

→ 童话大师安徒生笔下美丽、善良的美人鱼。

↓ 这就是被称为"美人"的儒艮

蛇雕——蛇类的天敌

蛇雕别名大冠鹫、白腹蛇雕,属于鹰科,分布于我国云南南部、贵州、广西、广东、安徽南部以及福建等地,属于国家二级保护动物。

雄蛇雕身长约70厘米,是大型猛禽。头顶及其羽冠尖端均为黑色,这使它看起来显得更加威风凛凛。上体为暗褐色,两翼小覆羽上缀有白点;下体为土黄色,腹部和两胁杂有白斑;尾部为黑色,中间有一条宽的淡褐色带斑;尾下覆羽为白色;喙灰绿色,蜡膜为黄色。

蛇雕在每年的3~5月份繁殖,每次产卵仅1枚,卵色为乳白或黄白杂以红棕色斑痕。孵化期35天,雏鸟为晚成性,由亲鸟抚养60天左右才能飞翔。蛇雕是留鸟,平时栖息于山林,偶尔也会到林缘开阔地带活动,营巢于高树上,用树枝搭成平台式的巢,内铺绿叶。

↑ 树枝上机敏的蛇雕
↓ 蛇雕尾羽上的白斑

蛇雕嗜食蛇类,是蛇类的天敌,它捕蛇和吃蛇的方式都十分奇特。它先是站在高处,或者盘旋于空中窥视地面,发现蛇后,便从高处悄悄地落下,用双爪抓住蛇体,用喙钳住蛇头,翅膀张开,支撑于地面,以保持平稳。由于捉到蛇后大多是囫囵吞食,不需要撕扯,所以蛇雕的喙没有其他猛禽发达。但它的颚肌非常强大,能将蛇的头部一口咬碎,然后吞进蛇的头部,接着是蛇的身体,最后是蛇的尾巴。在饲喂雏鸟的季节,成鸟捕捉到蛇后,并不全部吞下,往往将蛇的尾巴留在嘴的外边,以便回到巢中后,能使雏鸟叼住这段尾巴,然后将整个蛇的身体拉出来吃掉。

我国古人称蛇雕为"鸩",并由于其所吃的蛇类中有很多是有剧毒的种类,所以它也被误认为是一种有毒的鸟,将它的羽毛浸泡在酒中,就能制成毒酒,因此有"饮鸩止渴"的成语。李时珍在《本草纲目·禽部》中记载其毛有剧毒,入五脏,能杀人。不过,现代科学已经证明这些说法都是荒谬的。

猞猁 —— 高山上的猎手

猞猁，又名林㹺，属食肉目，猫科。主要分布于欧洲的北部、中部、东部、东南部，亚洲的中部、东部等。在我国分布于北方的大部分地区，属于国家二级保护动物。

猞猁是中型猛兽，体形小于狮、虎、豹等大型猛兽，但比小型的猫类大得多。体长85~130厘米，尾长12~24厘米。猞猁身体粗壮，四肢较长，尾巴短粗，尾尖呈钝圆。最为可爱和引人注目的是耳尖上生有明显的丛毛，两颊有下垂的长毛，腹毛也很长。它们的毛色差别较大，有乳灰、棕褐、土黄褐、灰草黄褐色及浅灰褐色等多种色型，但有些部位的色调是比较恒定的，如外耳缘为黑色或黑褐色，内耳缘为乳灰色，耳尖丛毛为纯黑色，其中夹杂几根白色毛，上唇为暗褐色或黑色，下唇为污白色至暗褐色，颌两侧各有一块褐黑色斑，尾端一般为纯黑色或褐色，四肢前面、外侧均具有斑纹，胸、腹为一致的污白色或乳白色。全身布满似豹一样的斑点，这有利于它们的隐蔽和觅食。

猞猁常栖居在寒冷的高山地带，不畏严寒，耐饥性强，可在一处静卧几日。猞猁也善于游泳，但不轻易下水。它还是个出色的攀缘能手，甚至可以从一棵树纵身跳到另一棵树上。

猞猁以野兔、松鼠、野鼠、旅鼠、旱獭和雷鸟、鹌鹑、野鸽、雉类等为食。在自然界中，虎、豹、熊等大型猛兽都是猞猁的天敌，如果遭遇到狼群，也会在劫难逃。当然，为了生存，猞猁也有自己独特的逃生方法，比如当猞猁遇到危险时会迅速逃到树上躲藏隐蔽起来，有时还会躺倒在地，假装死去，从而躲过敌害。

猞猁在捕食的时候非常有趣，它们常借助于草丛、灌丛、石头、大树等做掩护，埋伏在猎物经常路过的地方，两眼警惕地注视着四周。它的忍耐性极好，能在一个地方静静地卧上几个昼夜，待猎物走近时，才出其不意地冲出来，捕获猎物，毫不费力地享受一顿"美餐"。如果突击没有成功，猎物溜走了，它也不会穷追猎物，而是再回到原处，耐心地等待下一次机会。有时它也悄悄地漫游，看到猎物正在专心致志地取食，便蹑手蹑脚地靠近、再靠近，冷不防地猛扑过去，在猎物不明就里时将其捕杀。

↑ 高山上的中型猛兽——猞猁

↓ 猞猁一家

树袋熊——世界上最可爱的动物

澳大利亚是有袋类动物的王国，是有袋类动物最集中的地方，而树袋熊是其中最珍贵的一种，它有一个好听的名字——考拉。

← 可爱的树袋熊是一种树栖动物，它的足趾能做抓握动作，便于抓住树枝，小考拉常会爬到妈妈的背上玩耍。

树袋熊长得很像丝绒的玩具熊，肥胖的身子上长满毛茸茸的淡灰色或淡黄色绒毛，没有尾巴，头很大，两只半圆形的大耳朵直立在头顶两侧，长长的绒毛遮盖着耳廓，脸部长着短短的绒毛，而一个黑黑的鼻子却是光溜溜的。树袋熊以它那软绵绵、圆滚滚的身体和琥珀球般的眼睛倾倒了全世界的人，即使是一个不喜欢小动物的人看到它那憨态可掬的样子也会忍不住要抱一抱它。于是，它便有了很多别致的称呼——"世界上最可爱的动物"、"从童话里走出来的动物"，深受世界各国人民的喜爱。

树袋熊的足较长，爪锋利有力，善于攀爬树干，是一种树栖动物。它的趾长得像人的手似的，大趾与其他四趾分开，能做抓握动作，便于抓住树枝。它常年栖居在桉树林里，只吃有限的几种桉树的树叶。白天，树袋熊通常将身子蜷作一团栖息在桉树上，除了吃树叶就是睡大觉，连下树饮水都懒得动，仅从树叶中取得自身需要的水分，致使皮肤都能散发出强烈的桉树油的气味。树袋熊一天有20小时在闷头睡觉，白天难得睁开眼睛，只有晚间才外出活动，沿着树枝爬上爬下，寻找桉树叶充饥，它的一举一动也总是慢吞吞的。

每年夏季是树袋熊的交配期，雌性树袋熊怀孕1个月后，就生下幼崽，一般每胎仅产1崽，很少有双胎。这时在澳大利亚是炎热的夏天，刚出生的小熊眼还未睁开，浑身无毛，后肢还未发育完全，长约15毫米，体重很轻，仅有几克，犹如一条小爬虫，但能钻进母亲腹部的皮质育儿袋内吮吸乳汁。5个月后，小树袋熊体长可达16厘米，可它还撒娇似地趴在母亲背上，或者舒适地躺在母亲怀中；6个月后，毛长得差不多了，才开始爬出来到妈妈的背上玩，但仍离不开育儿袋中的奶头；直到1岁时，才依依不舍地离开母亲，开始独立的野外生活。

第1章 世界珍稀动植物博览

动物篇 DONG WU PIAN

奇怪的是，即将独立生活的小树袋熊非常爱吃成年树袋熊的粪便！原来，树叶基本上都由纤维素组成，而树袋熊本身对这种纤维素是不能消化的，它所以能消化树叶食物全靠滋生在它盲肠里的一种微生物，这种微生物能帮助树袋熊把咀嚼过的纤维转化为可以被消化吸收的酶。而即将独立生活的小熊，体内正缺少这种微生物，它吃成年树袋熊的粪便，目的是获得其中的微生物。

树袋熊的胃口很大，食性却很狭窄，非桉树叶不吃。桉树叶是一种低劣的食品，几乎不含糖和脂肪，蛋白质也是微乎其微。因此，在树袋熊的体内几乎找不到脂肪，遇到干旱天气，它们甚至常会由于缺少蛋白质而死亡。

在自然界几乎没有一种动物会来和树袋熊争夺这种缺乏营养并散发着怪味的树叶，所以树袋熊没有其他的天敌，它唯一的敌人是人类。因为树袋熊皮毛的保温性强，仅次于北极动物，能制作成华贵的皮衣，所以不断遭到人们的猎杀，到20世纪初几乎绝种，1927年澳大利亚政府宣布了禁猎令，才使这种动物脱离了绝种的危险。但树袋熊的厄运并没有就此消失，它们赖以生存的栖息地和食物——桉树林正在大量消失，这是威胁树袋熊生存的头号因素。

现在，许多澳大利亚人正行动起来保护树袋熊的家园。只要人类不去打扰它们，它们一定会在桉树林中不断地繁衍下去的。

← 桉树的大面积消失严重地威胁着树袋熊的生存。

龙文小百科 有袋类动物

有袋类动物是哺乳类中一个古老的类群，在晚白垩世及第三纪早期的时候，足迹几乎遍布整个世界。

随着高等哺乳动物——真兽类的兴起，有袋类在生存竞争上渐渐处于劣势，它们逐渐成为了食肉类动物的捕食对象，致使其在亚洲、欧洲和非洲等大陆上相继绝迹。现生的有袋类动物只在大洋洲及南美洲的草原地带有分布。

在有袋类动物中，袋鼠是最出名、最逗人喜爱的珍兽，它的形象出现在澳大利亚的国徽上，以至于几乎成了澳大利亚的代名词。

但自从欧洲人在1788年移民到澳大利亚，又引进了许多新的动物，很多种有袋类动物的原始生活状态被破坏了，加之种种自然因素和社会因素的影响，已有6种小型袋鼠灭绝。

由于人类经济活动的加剧，今后有袋类的生存环境将会更加恶劣。目前有袋目中大约有17种被列入《濒危野生动植物种国际贸易公约》附录中，对有袋类动物的保护越来越引起人们的重视。

双峰驼——"沙漠之舟"

双峰驼属哺乳纲，偶蹄目，骆驼科，它们的原产地在亚洲中部土耳其斯坦、中国和蒙古。双峰驼是我国一级保护动物。

从外形上看，双峰驼最突出的特点是它的背上有两个瘤状肉峰。野双峰驼的驼峰比家骆驼的小而尖，躯体比家骆驼的细长，脚比家骆驼的小，毛也较短。通常情况下，双峰驼的繁殖期在4～5月份，孕期12～14个月。雌骆驼每次产1崽，很少2崽。4～5岁时达到性成熟，寿命35～40年。

双峰驼常栖息在干旱地区，并会随季节变化而迁移。野生双峰驼数量稀少，单独、成对或结成4～6只小群一起行动，很少见到12～15只的大群。与单峰驼相比，双峰驼耐饥渴的能力更强，它们可以十多天甚至更长时间不喝水。为了减少水分的流失，双峰驼排汗及排尿量都很少，只有当体温升高到46℃时才会出汗。在极度缺水时，双峰驼能将驼峰内的脂肪分解，产生水和热量。而且令人吃惊的是，双峰驼的一次饮水量可达57升，以便恢复体内的正常含水量。它们几乎能吃沙漠和半干旱地区生长的任何植物，包括盐碱植物。其对环境的适应性及耐力由此可见一斑！

据资料显示，双峰驼至少在公元前800年就已经被驯化了，但现在仍有野生双峰驼在我国塔里木至柴达木盆地间，向东至蒙古地带栖居，这是一种非常古老的生物，我国的大熊猫是第四纪遗留下来的动物"活化石"，而野生双峰驼也被认为是4000万年前就已出现了的"化石"动物，且是数量比大熊猫还少的世界珍稀濒危动物。

双峰驼不畏风沙，善走沙漠，比较驯顺、易骑乘，被世人公认为"沙漠之舟"，人们也充分利用了双峰驼的这个特点来为自己服务。在我国，骆驼很早就被驯养成为家畜，汉代时就有"乃非驼难入之漠"的名句，以形容通往西域途中的沙漠及戈壁；到唐代，外交频繁，"丝绸之路"上骆驼商队络绎不绝。在茫茫的沙漠中一支浩浩荡荡的、伴着驼铃声的骆驼队，可谓是沙漠里最亮丽的风景了。

↓ 有趣的咀嚼

水鹿 —— 溪谷精灵

水鹿也称黑鹿，是海南亚种，在当地又被叫做山马，属哺乳纲，偶蹄目，鹿科，是热带、亚热带地区体形最大的鹿类。主要分布于缅甸、印度等地，在我国主要分布于青海、湖南、江西、台湾、海南和西南各地。

水鹿身长120～220厘米，肩高100～130厘米，体重180～250千克，最大的可达300多千克。雄鹿生有粗大的角，角从额部的后外侧生出，稍向外倾斜，相对的角叉形成"U"字形。角形简单，呈三尖形。角的前端部分较为光滑，其余部分粗糙，基部有一圈骨质的瘤突，称为"角座"，俗称"磨盘"。水鹿的角在鹿类中是比较长的，一般为70～80厘米，最长的可达125厘米。水鹿从额至尾沿背脊有一条宽窄不等的深棕色背纹，臀周毛呈锈棕色，颈具深褐色鬃毛，体侧为栗棕色，尾毛为黑色。水鹿的颜面部稍长，鼻吻部裸露，耳朵大而直立，眼睛较大，眶下腺特别发达而显著，尤其是在发怒或惊恐时，可以膨胀到与眼睛一样大。另外，水鹿的蹄甲很硬，可在布满岩块、石砾的山地活动，其四肢长而有力，可在陡峭的溪谷行走。

↑ 有着尖长大角的雄鹿
↓ 看，这家伙想从水路逃走。

水鹿繁殖季节不固定，孕期为6~8个月，每胎产1崽，偶尔产2崽，幼崽身上有白色花斑。水鹿2～3岁时性成熟，寿命为14～16年。

水鹿是一种调皮活泼的动物，它们生性喜水，雨后活动频繁，常到溪涧喝水或沐浴，有时还在水泉中洗浴，滚上一身泥巴，即使在寒冷的冬季，也喜欢在水边流连忘返。民间有"虎蹲草山，鹿伴溪泉"的说法，所以得名"水鹿"。

水鹿有群居的习性，一般栖息于海拔300~3500米之间的热带、亚热带阔叶密林或针阔混交林。夜行性，白天隐于林间休息。水鹿性情机警、谨慎，其嗅觉、听觉都十分灵敏，常站立不动，竖起耳朵倾听四周的动静，并且用前肢有节奏地轻轻敲打着地面，一旦听到异常声响，或者闻到豹、狼等猛兽的气味便迅速逃走，在树林、草丛中奔跑自如，因此在海南还有"山马精，山马精，听到狗叫翻过岭"的民间歌谣。水鹿无固定的巢穴，有沿山坡作垂直迁移的习性。小鹿以青草、树皮、竹笋、嫩叶为食，亦盗食农作物。

和其他的鹿一样，水鹿也是一种可药用的动物，加之人类对其美丽大角的贪欲，因此水鹿也受到了人类大量地捕杀。在有些产地甚至已濒于灭绝，目前我国估计有20000只左右，为国家二级保护动物。

水獭 —— 机敏的吉祥物

水獭是鼬科中体形较大的动物，又名水狗，分布广泛，在欧亚大陆、非洲北部均可栖息。水獭还曾荣幸地被选为2002年冬季残奥会的吉祥物。

水獭的体形细长，体重7~12千克，体长70~75厘米，四肢短圆，趾间有蹼，头部扁宽。全身被短而密的毛，散发着迷人的丝质光泽。体背及尾为棕黑或咖啡色，喉、颈下和胸部略呈灰色，腹部为浅棕色。由于水獭皮厚而绒密，柔软华丽，因而被无节制地捕猎，加之开发建设使水域污染，水獭的数量已十分稀少，亟须加强保护。

↑ 刚从水中出来的水獭，边走边回头，十分机警。

↑ 很会吃螃蟹的水獭

水獭属半水栖生物，生活在河流、湖泊和溪流中，尤喜在两岸林木繁茂的溪河、洼地一带生活，在沿海及岛屿周围也有栖息。水獭多穴居，其巢穴通常筑在靠近水边的树墩、芦苇和灌丛下，或利用狐、獾的旧巢。洞穴一般有两个洞口，出入的洞口一般在水下，另一洞口伸出地面，为气洞，以利空气流通。它栖息的主洞宽阔，常铺有少许干草树枝。水獭主要以鱼类为食，兼吃螃蟹、青蛙、蛇、水禽以及小型哺乳动物等。它们昼伏夜出，特别是有月亮的夜晚，活动更加频繁。水獭无明显繁殖季节，一年四季都可交配，每年繁殖2胎，每胎产1~3崽。

水獭的听觉和嗅觉发达，游泳技能高超，能在水下潜泳达7~8分钟；它那有蹼的四肢，就像两副强有力的桨，使它能在水中快速追捕逃遁的鱼类；扁阔的长尾巴，就像船舵一样，控制着它游泳的方向。水獭还能直立身体踩水前行，使头和颈部露出水面，以观察水域以外的动静。可是水獭一上陆地，行动就变得缓慢了，它先是蹬开四条短粗的小腿，再用腹部紧贴地面，一起一伏，呈波浪状匍匐前进，其状滑稽可爱。冬天来临时，它们常三五成群地蹒跚在薄冰或浅雪上，一遇敌情，"哨獭"就会立即发出"哈！哈！哈！"的狂叫声，同伴便很快地钻到冰窟或雪下逃遁。

苏眉鱼 —— 世界最大的珊瑚鱼

苏眉鱼是波纹唇鱼的俗称，是世界上最大的珊瑚鱼类，属隆头鱼科。主要产于东南亚、西太平洋及印度洋的珊瑚礁中，在我国主要分布在海南万宁、陵水等海域。苏眉鱼在 2004 年的《世界自然保护联盟红皮书》中被列为濒危物种，在同年 10 月召开的第 13 届《濒危野生动植物种国际贸易公约》大会上，被列入附录 II，受到此公约的严格保护。

↑ 苏眉鱼栖息在有珊瑚的深海海域。

从外形上看，成年后的苏眉鱼长而侧扁，通体呈铁蓝色，头部隆起，幼鱼头部没有隆起。远看身上有像斑马一样的显著斑纹，近看这些斑纹又似水波在荡漾，眼睛上还有两道不规则的黑色条纹。苏眉鱼的体长一般在 40 厘米左右，体重 1.5~2.5 千克，较大型的苏眉鱼体长 70~80 厘米，体重可达 10 千克。

↓ 苏眉鱼是昂贵的食用鱼。

苏眉鱼的生殖期在每年的 4~7 月份。它的成长期较长，一般需 7~8 年，所以其数量较少，非常名贵。

苏眉鱼是暖水性鱼类，适宜生长的水温是 22~28℃。栖息在杂藻丛生并有岩礁或珊瑚的深海海域，稚鱼通常流连在潟湖礁的珊瑚礁繁盛区域，成鱼在白天时巡游于珊瑚礁之间，晚上在礁洞穴、珊瑚岩架下面栖息，以软体动物、鱼、海胆、甲壳动物及其他无脊椎动物为食。

如今，苏眉鱼已日渐稀少了，导致苏眉鱼数量减少的主要原因是人类大量的捕捞。多年来，苏眉鱼尤其是苏眉鱼的鱼唇一直是不少亚洲人盘中的美味。由于成长期较长，苏眉鱼作为一种昂贵的食用鱼，其售价曾经高达每千克 130 美元。据大多数地区的研究表明，苏眉鱼的种群数量正因为频繁的商业贸易而逐渐减少，其锐减的速度惊人。很多幼鱼在没有达到繁殖年龄时即被捕获，造成能繁殖的成鱼越来越少，而受到这种不当行为威胁的不止是鱼类的生存，也包括脆弱的珊瑚礁生态系统。

目前人们正在努力遏制这种势头的发展，尤其是制度和法律上的保障将起到积极的作用。

塔尔羊——悬崖绝壁上的"行者"

↑ 漂亮的塔尔羊
↓ 喜马拉雅地区的塔尔羊

塔尔羊,又叫羱羊、长毛羊等,分为喜马拉雅塔尔羊、阿拉伯塔尔羊、巨角塔尔羊三种。塔尔羊在国外分布于克什米尔、印度北部、尼泊尔等国家和地区,在我国直到1974年才首次发现其踪迹,且仅见于西藏樟木、吉隆和聂拉木的波曲河谷等地。

塔尔羊是一种非常漂亮的羊种,从外形看,我们很难把它与山羊区分开,塔尔羊的身上和山羊一样,有很浓的膻味。塔尔羊的寿命和其他羊类差不多,平均寿命为16~18年。如果你仔细观察,就会发现塔尔羊也有自己独特的地方,比如雄兽的颏下没有长须,面部和吻部光秃无毛;塔尔羊雌雄两性都有向后弯曲的短角,角基部宽,有一个龙骨状的突前缘;另外,塔尔羊的头形狭长,蹄子粗大,尾巴较短,而且腹部表面裸露。

塔尔羊最突出的特点就体现在长长的绒毛上,塔尔羊的肩部和颈部有长毛,下垂到膝部,形成鬣毛,几乎能与雄狮相媲美,也正因为如此,使得塔尔羊变得非常珍贵。塔尔羊身上其他地方的体毛也是又长又密,为红棕色或深褐色,其中四肢和头部的毛色较深,雄兽的体色又比雌兽深,但偶尔也有灰白的色型。

塔尔羊的生活习性也很有趣,通常情况下,它们喜欢栖息于山坡丛林中,尤其喜欢灌丛较密、山势险峻的地带,以冰草等禾本科植物以及灌丛的嫩枝、树叶等为食。塔尔羊攀登悬崖绝壁的本领也十分高超,它们在陡峭的崖壁上竟没有一丝慌乱,白天,它们便到有遮蔽的灌丛或陡峭的山崖上休息。塔尔羊的性情机警,视觉、嗅觉和听觉都很灵敏,而且善于隐蔽。它们是群居性的动物,每个群体的数量大多为30~40只,算得上是大家族了。每群中还有一只负责警戒的雄羊,因此可以很好地防止敌害侵扰。老年雄性在夏季另组成小群,居住在最崎岖险峻之处,到冬季回到大群中,一起过冬。

塔尔羊目前的生存状况令人忧虑,它们的分布范围狭窄,数量稀少,亟待人们给予更多的关注与关怀。

跳羚 —— 非洲大陆上的跳高能手

　　跳羚是偶蹄目，牛科，跳羚属的唯一种，它是羚羊类中最擅长跳跃的种类，主要产于南非、西南非洲、博茨瓦纳和安哥拉；是南非共和国国徽上的主要形象。但是，由于滥猎和栖地被破坏，跳羚的数量变得很稀少了。现在主要生活在南非的国立公园中和私人农场内。

　　"跳羚"是个有趣的名字，这与它们独特的本领有关。当它们在受惊或游戏时，常常跳到3～3.5米高，并能连续跳跃五六次，跳远可达7米，奔跑速度可达90千米/时。

　　从外形上看，跳羚显得温驯美丽。雌雄都长有角，角较窄，长长地竖立着。跳羚身体上部呈明亮的肉桂棕色，下部为白色。沿腰窝有一条棕色的宽条纹，面颊和口鼻部为白色，有一条红棕色的条纹从眼部到嘴角，臀部为白色。尾巴较细，尾端有一簇黑毛。从臀部沿脊柱直到后背的中部，有一簇较长的白毛，通常沿脊柱折合起来形成很窄的袋状，一般看不见，只有在嬉闹或天气极热时，才打开一会儿。

↑ 跳羚之跃

← 美丽的跳羚

　　跳羚的集体迁徙是很壮观的，在南非大草原上经常可以看到壮观的跳羚群，有一群跳羚还曾创过最壮观兽群的吉尼斯纪录。当跳羚遭遇干旱迫使它们寻找新草地时，它们集成千上万只乃至上百万只的大群进行迁徙，这样的大群有时数天才能从一个地方过完。大群过后沿途留下一片被破坏的凄凉景象。虽然现在还能看到壮观的跳羚群，但其规模已经远远不如以前了。

　　跳羚的生命力很顽强，能够适应非常恶劣的环境。它们通常生活在干旱或半沙漠化的长有灌木丛的草原上，在那里，它们甚至能够不喝水而生活很长时间，它们就是真正的生命力的象征。跳羚生命力的顽强还体现在它们食性的广泛上，它们采食草、草本植物、灌木、种子、豆荚类、水果和花，有时也刨开地表寻找植物的根，甚至还会选择那些对其他种羚羊有毒的植物。跳羚靠采食野生的瓜类来弥补体内水分的不足，靠采食土壤来补充体内矿物质的缺乏。随着季节的不同，跳羚的食物也会有所变化，但它们会尽量选择比较有营养的食物。

驼羊——貌似绵羊的群居者

驼羊属于骆驼科，是原产于南美洲的古老畜种。曾分布在南美的西部和南部，是南美土产的四种骆驼形动物中最有名的一种，早在1000多年前就被驯化，也是被西半球人民驯化为驮兽的唯一一种动物。

驼羊有一个长颈鹿一样的直立的长颈，不会鸣叫，只能偶尔发出低沉的"吭吭"声。

驼羊喜欢群居生活，一般5~10只组成一群。每群都由一只壮年雄驼羊带领，群内的雌驼羊都非常忠于它，即使领头的雄驼羊受伤，雌驼羊也不离不弃。驼羊一般在每年的8~9月交配，发情季节争夺配偶十分激烈，每群中仅容1只成年雄驼羊存在。雌驼羊孕期10~11个月，幼崽出生后即可奔跑。雄性幼崽长大后将被赶出群体，另组成年轻的雄兽群，直到性成熟后再另外与雌兽组成新的群体。

由于驼羊和人们的日常生活有紧密的联系，因此产生了很多和驼羊有关的风俗仪式。比如秘鲁的印加人中流行着一种神圣而独特的驼羊剪毛仪式，祈求驼羊世代繁衍生息，养育他们的子子孙孙。举行仪式时，牧羊人手握彩色的麻绳，围成人墙，将驼羊群驱赶到一个以石制祭坛为中心的羊圈里。当地的巫师从驼羊群中选出一对驼羊，将它们的耳朵割下，用其鲜血涂抹于脸颊，然后喝下血酒，同时咀嚼用来提神的古柯叶。礼毕才开始剪羊毛，并将剪下的第一缕羊毛永久保存起来。

驼羊对于当地的印第安人来说可谓全身是宝：毛比羊毛长，光亮而富有弹性，可制成高级的毛织物；皮可制成革；肉味鲜美；甚至粪便晒干后也可作燃料……正是这些原因，使当地人长期以来一直捕杀驼羊，特别是在16世纪中期西班牙人来到这里后，开始大规模地捕杀驼羊，给驼羊带来了灭顶之灾。到了16世纪后期，野生驼羊在人类的捕杀中全部灭绝了。目前，世界上的驼羊全部是1000多年前已被驯化的驼羊繁殖的后代。

→ 长着长长绒毛的驼羊

夏威夷水鸡 —— 害羞的水鸟

夏威夷水鸡属鹤形目，是秧鸡科的一种水鸟，属濒危动物。

从外形上看，夏威夷水鸡与静水鸭非常相近，唯一的区别在于夏威夷水鸡脚趾的边缘没有一层坚韧的膜。比较常见的水鸡是产于北美佛罗里达的普通水鸡，而产于澳大利亚的水鸡则属于另一种，它们的体长约33厘米，头部和腹部呈灰黑色，背部呈褐色，腰部还有一圈白色的羽毛。短喙呈明亮的红色，向前额延伸，像一块皮质的盾牌。

↑ 形态瘦小有趣的夏威夷水鸡

在生活习性上，夏威夷水鸡与其他水鸡一样，是一种看起来颇为害羞的水鸟，它们栖息在沼泽和湖边的芦苇丛中，非常胆小，一有风吹草动就马上溜之大吉。

小杜父鱼 —— 小身形的大头鱼

小杜父鱼，又叫大头鱼，锯鲉属，鲉形目，杜父鱼科。主要生活在美洲大陆，全世界大约有300种杜父鱼，小杜父鱼为其中最稀少的一种，已处濒危状态。

↓ 小杜父鱼

从外形上看，小杜父鱼头大而扁，向尾巴方向逐渐变小，胸脊较大，像扇子，表皮通常没有鱼鳞。小杜父鱼的样子非常漂亮，一点都不逊色于一些观赏鱼。

从生活习性上看，小杜父鱼不是一种很好动活泼的鱼类，它通常很安静，一般栖息在水底而不活动。它们中大多数生活在浅海区域，少部分生活在较深的海域里。

随着小杜父鱼的不断减少，人类对它的保护工作逐渐变得重要起来。

龙文小百科 其他杜父鱼

杜父鱼的家族非常庞大，除了小杜父鱼以外，还有很多品种。

棘鳍杜父鱼是一种主要栖息在淡水中的杜父鱼，体长大约10厘米，在分布上主要集中在欧洲和北美的湖泊和河流之中。

大西洋中常见的杜父鱼有短角杜父鱼和长角杜父鱼。短角杜父鱼栖息在北美和北极的大西洋区域，色彩斑杂或呈褐色。长角杜父鱼有多种颜色。

太平洋中比较常见的是若鲉杜父鱼，它的肉呈蓝色和绿色，可以食用。

小熊猫——憨态可掬的"九节狼"

↑ 善于攀登的小熊猫

↓ 一对害羞的小家伙

小熊猫属于脊椎动物，哺乳纲，食肉目，浣熊科。在我国，主要分布于西藏东部、云南、贵州、四川、青海、陕西和甘肃；在国外，主要分布于尼泊尔、缅甸和印度北部等。由于人类活动范围迅速扩大，目前它们的分布范围已大面积退缩，种群数量已大为减少，成为珍稀动物之一，被我国列为国家二级保护动物。

小熊猫多在春季发情，夏季产崽，每胎1~3崽。幼崽刚出生时，身上长满绒毛，闭着眼，体重与大熊猫的幼崽相似，重100~150克，尾巴较之显长。它们在21~30天才睁眼，前后肢也开始能缓慢移动。母兽哺乳幼崽约一年，会在次年临产前将幼崽驱走。

小熊猫相当可爱，它外形肥壮似熊，头部圆而较宽似猫，四肢粗短，尾粗大，尾上有9个白褐相间的环纹，故也被称为"九节狼"。小熊猫的面部有白色斑点，两颊的毛为黑色，耳边为白色，鼻子为黑色，背毛为红褐色，腹部和四肢为黑褐色。其体重约9千克。脚掌多毛，善于攀登。和身躯庞大、动作迟缓的大熊猫相比，小熊猫动作轻盈，显得小巧精灵，但从生理解剖学上看，小熊猫跟熊几乎算得上是表兄弟，而与大熊猫的亲缘关系却比较远。

小熊猫以根茎、箭竹茎叶、竹笋、嫩叶、果实为食，也吃小鸟和鸟卵。生活于海拔1600~3000米的高山上，是一种喜湿润而又比较耐高寒的森林动物。它很善于爬树，多在树上活动。

由于小熊猫的自然种群日趋减少，为了减少野外捕捉，近些年来一些动物园也建立了繁殖种群和谱系。过去10年间世界许多国家建立了区域性管理。我国也发展了自己的小熊猫管理计划，并参与了全球性管理计划。今天，人们对小熊猫的保护已经取得了令人满意的进展。

新西兰岸鹬 —— 海滩上的歌者

新西兰岸鹬属鹬鸟目，鹬科。这种鸟类数量稀少，属濒危动物。

从外形上看，新西兰岸鹬是一类胸部比较肥胖的海岸栖息鸟。它们身体的上部都是清一色的褐色、灰色或者沙土色，下部为白色。其身长为15～30厘米。长翅膀，腿长中等，头颈短，喙笔直，比它的头短一些。

或许大家还不知道，新西兰岸鹬和其他鸟类相比，不但善于飞翔，而且还能奔跑。新西兰岸鹬经常在海滩上奔跑，寻找小型的水生无脊椎动物充饥。新西兰岸鹬也非常机警，自我保护意识很强，只要一有风吹草动就马上展翅疾飞，逃之夭夭。它们的叫声像音调优美的口哨，几乎每个听过它们歌唱的人都很难忘记那种优美的声音。

↑ 毛色斑斓的岸鹬

新西兰岸鹬很喜欢在地面上筑巢，而不像其他的鸟类那样经常把自己的巢筑在高高的树枝上。在繁殖后代方面，新西兰岸鹬有着天生的默契和合作精神。通常情况下，新西兰岸鹬每窝产2～5个有斑

↓ 可爱的新西兰岸鹬雏鸟

点的蛋，由雌雄新西兰岸鹬轮流孵化，幼鸟出生以后也是共同照顾，小新西兰岸鹬可以在出世不久就跟随父母到处跑了。

由于新西兰岸鹬的珍稀，现在人们已经采取了很多的措施来保护这个珍稀的物种，并且成绩斐然。新西兰岸鹬生存的环境得到了很好的改善，数量也在不断地增加，也许在不久的将来，新西兰岸鹬那悦耳的鸣叫声又能随处可闻了。

龙文小百科　长途迁徙的鹬

鹬鸟可以栖息在全球的大部分地区。在北方筑窝的鹬鸟迁徙的路程会很远，它们成群地觅食和旅行，欧洲的金鹬和美洲的金鹬就是这类长距离迁徙的种类。美洲东部的金鹬经常飞越大西洋和南美洲，来到南方的巴塔哥尼亚，然后沿着密西西比河流域返回。美洲西部的金鹬可以一口气不停地飞到南太平洋的岛屿。

熊猴——体胖如熊的猴

熊猴别名蓉猴、山地猕猴、阿萨姆猴,属哺乳纲,灵长目,猕猴科。在国外,主要分布于印度、尼泊尔、不丹、缅甸北部、泰国北部、老挝和越南等国家。在我国,熊猴主要产于云南、广西、西藏、贵州等地,属国家一级保护动物。

熊猴憨态可掬,体胖如熊,性情粗暴,故名"熊猴"。熊猴个体略大于猕猴,雄性体重8~15千克,体长55~65厘米;雌性较小,体重5~9千克,体长42~62厘米。与一般灵长类不同,熊猴的皮下脂肪较多,抗寒能力也比其他猴类要强。

与猕猴相比,熊猴头大、面长、吻部凸出。头顶具有"发旋",从中间向四周发散。面部呈肉色。体毛蓬松呈棕黄色,稍具光泽,头、颈毛发为淡黄色,肩部的毛较背部的毛长;尾下垂,其长为体长的一半左右,尾毛蓬松,毛稀呈褐色;臀部周围多毛。

头顶有"发旋"的熊猴

雌性熊猴性成熟年龄约在4.5岁,雄性约3岁,饲养寿命最长的记录为16年。熊猴全年均有交配现象,孕期168天左右,分娩期为每年的3~7月,每次产1崽。雌性熊猴很爱护幼崽,总把幼猴抱在胸前。

熊猴多栖息于热带、亚热带高山森林,主要觅食野果、树叶、嫩芽、细枝、花朵等,也吃昆虫和鸟卵。熊猴的手指很灵活,取食时,用手指在树干和树枝间捕捉猎物或摘取果实。它们进食时,只把食物略嚼一下,便储藏在颊部的颊囊中,闲暇时再细嚼后咽下去。多以20~30只结群。啼声有如犬吠且略带哑声,性情不似猕猴活跃,但遇险逃遁时动作十分迅捷。

熊猴的整个分布区的总数量不超过30万只,其中有2万余只在保护区中。熊猴在我国的分布区相对较小,数量远不及猕猴和短尾猴多,估计数量约为8000只。

雪豹 —— 豹中珍品

雪豹别名草豹、艾叶豹，属食肉目，猫科，豹亚科，豹属。雪豹的数量很少，但没有人确切知道野外现存多少只，估计种群数量仅有几千只，为我国濒危物种，国家--级保护动物。

雪豹属于高山性动物，终年栖息在雪线附近，为栖居海拔最高的猫科动物之一。雪豹的得名也缘于此，它的生存环境总是和"雪"有着不解之缘，比如雪豹的主要栖息地在可可西里，它夏季居住在海拔5000～5600米的高山上，冬季一般随岩羊下降到相对较低的山上。雪豹昼伏夜出，白天很少出来，常躺在高山裸岩上晒太阳，在黄昏或黎明时候最为活跃，上下山有一定路线，喜走山脊和溪谷。

从外表上看，雪豹非常凶猛，但也并非没有可爱之处。它们的头小而圆，尾粗长，略短于或等于体长，尾毛长而柔软。全身为灰白色，布满黑斑。头部黑斑小而密，背部、体侧及四肢外缘形成不规则的黑环，越往体后黑环越大。鼻尖为肉色或黑褐色，胡须颜色黑白相间，颈下、胸部、腹部、四肢内侧及尾下均为乳白色，冬夏体毛密度及毛色差别不大，雪豹是豹类中最美丽的一种。寿命一般在10年左右，最长达15年。

雪豹继承了猫科动物勇猛机敏的性情，即使在一般情况下，动作也非常矫健灵活，善于跳跃，十几米宽的山涧常常一跃而过，三四米高的山岩一跃而上。由于其粗大的尾巴做掌握方向的"舵"，它在跃起时可在空中转弯，因此其捕食的能力很强。

龙文小百科　猫科动物

猫科动物是一种广泛分布于世界各个大陆的物种，是进化极其完善和发达的食肉动物，其基本特征是吻短头圆，有锐利的犬牙和便于撕裂食物的裂齿，还有善于刮食食物的带刺的舌头以及伸缩自如的利爪。其大型成员往往是各地处于食物链顶端的食肉动物。多数猫科动物善于隐蔽，用伏击的方式捕猎，身上常有花斑，可以与环境融为一体。

中国是世界上猫科动物种类最多的国家，也是猫科动物分布的中心地带之一。其中只有荒漠猫为我国特产；野猫、豹猫、亚洲金猫、云豹、雪豹、豹、虎等在我国曾经都有广泛分布，也是世界上的主要产区之一，但现在都处在濒危状态。

↓ 宠物般可爱的小雪豹

雪豹捕食时，以猫科动物特有的伏击式猎杀为主，辅以短距离快速追杀。雪豹以岩羊为主要食物，雪豹有时也袭击牦牛群、咬倒掉队的牛犊。雪豹有相对固定的居住地点，育幼时多利用天然洞穴。

雪豹有很高的经济价值，很多人想获取豹皮、骨骼、身体部位以供应毛皮和传统中医药市场，美国夏勒博士关于中国雪豹的一句话可谓点睛："不见雪豹，只见雪豹皮。"可见雪豹一直是人们狩猎和捕杀的对象。

雪豹独特的生活习性也给它们带来了很大的麻烦，因为它们有固定的活动路线，无论走多远，都按原路返回。偷猎者只要在其必经之路埋下铁夹就可将其捕获。当然，造成雪豹灭亡的原因也是多样的，比如雪豹的主要食物——岩羊的数量下降也给它们造成了灾难。

人类对雪豹的繁衍和人工保护的难度也是很大的，因为它很难适应低海拔地区的湿度、温度、气压和日照变化，所以在世界各地动物园中，很少见到它们。因此，开展对雪豹的偷猎、贩卖贸易调查以及对雪豹生活环境的研究是今后制定雪豹保护措施的一项棘手而重要的工作。

→ 高山之上的岩羊，它们也是雪豹的美味佳肴。

第1章

世界珍稀 动植物 博览

动物篇 DONG WU PIAN

鸭嘴兽 —— 动物"活化石"

鸭嘴兽为世界珍稀动物，具有"活化石"之称。它只分布于澳大利亚南部和塔斯马尼亚岛，是澳大利亚特有的单孔目动物，也是世界上仅有的3种卵生哺乳动物之一。

鸭嘴兽是单孔目动物。单孔目是什么意思呢？就是鸭嘴兽的大肠末端只有一个孔，这个孔既排泄尿液，也排出精子或卵细胞，被称为泄殖腔孔。而动物界只有爬行类和鸟类有泄殖腔孔，在这点上，鸭嘴兽与它们是相似的。

鸭嘴兽是卵生的，它的繁殖季节在每年8月上旬到10月间。产卵时，雌兽在洞中用草、树叶和树根等做巢。雌兽每次产1~3枚卵，卵似鹌鹑蛋大小，白色，由雌兽抱在胸前孵化。雌兽乳无乳头，乳腺管的开口在腹部乳腺区，在繁殖期可从该处分泌乳汁，供幼崽舔食乳汁。

← 鸭嘴兽的嘴里面是角质的，覆盖有一层黑色皮肤。

← 鸭嘴兽的趾间有蹼，爪子很锐利。

↑ 鸭嘴兽是卵生哺乳类动物，属鸭嘴兽科。嘴扁平凸出，状似鸭嘴，身披兽毛，五趾间有蹼。

人类在对鸭嘴兽的研究中，发现了哺乳动物与爬行动物的亲缘关系，同时也肯定了现在的哺乳动物起源于古代的爬行动物，还确认了单孔目动物是最低等的哺乳动物。

早在1.8亿年前的侏罗纪，鸭嘴兽的祖先就已经出现了，那时它们分布很广。可是到了7000万年前，许多更先进的哺乳类动物大量繁殖，这些古老的动物逐渐灭绝了。但生活在澳大利亚大陆的动物很幸运，由于地壳运动，澳大利亚同其他大陆分开了，后出现的哺乳动物不能到达这块地方，鸭嘴兽的祖先方得以在此生息繁衍，并且一直保存着原始的卵生状态。

鸭嘴兽是非常奇特的动物，所以，对它的发现和命名也经历了非常漫长的过程。从发现这种动物到给它定名，这中间经过了漫长的100年，在反复斟酌后，科学家们才给它起了一个合适的名字——鸭嘴兽。这主要是因为它具有哺乳动物的特点：用乳汁喂养幼崽；同时又具有爬行类、鸟类的特点：生殖孔与排泄孔全在一起，生殖方式是卵生，而且还孵卵；它的嘴外形又像鸭子的嘴。

↓ 水中游弋的鸭嘴兽（左）以及鸭嘴兽的头部骨骼（右），可以看到下颌两旁的过滤器。

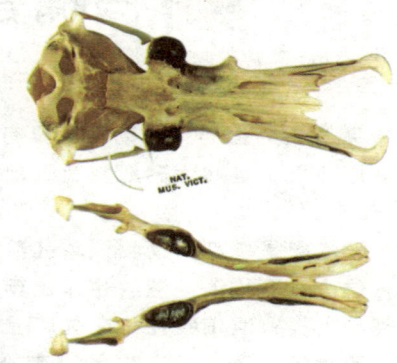

单从外形来看，鸭嘴兽就很奇特。它的身体像兽类，全身长满浓密的短毛，体形为流线型，身长约50厘米。它的嘴是颌部的延长，外形极似鸭子的嘴。别看它的嘴像鸭嘴，可比鸭嘴高级多了。它的嘴里面是角质的，覆盖在角质上面的是一层柔软的、富有弹性的黑色皮肤，皮肤里还有一些特殊的结构，能感应到动物肌肉里电场的移动，这使得它能准确地把藏在水底淤泥里的小动物捕捉到。它嘴的前缘还有脊纹，可以咬食物，下颌两旁还有"过滤器"，可以用它把水挤压出去。

另外，如果大家仔细观察，就会发现从鸭嘴兽的头部看不出它长着耳朵。而实际上它也有耳孔，只是没有外耳，当然这也是有实际用处的，甚至可以说，这是自然进化的产物。当它在潜水的时候，耳孔和眼紧靠在一起，耳孔和眼睛上的肌肉褶皱把耳孔和眼睛严密地遮盖起来，使水无法进入。

鸭嘴兽还有一点叫人感到恐怖的地方，就是它能散布毒气！鸭嘴兽的爪子不仅锐利，在雄兽后脚的踝部还长着终身存在的锋利的角质距，这个角质距是中空的，与毒腺相连接，能渗出毒液。这种毒液能使狗很快死去，如果注射到兔子的皮下，两分钟之内兔子就一命呜呼了，可见其毒性之强。如果人碰到了毒液，及时治疗是可以痊愈的。

鸭嘴兽生活在河边，用它那锐利的爪子在河边挖掘洞穴，并在里面筑窝。白天在洞内睡觉，傍晚出来下水捕食。

鸭嘴兽主要在水中捕食小鱼虾、青蛙、螺蛳、蚯蚓、蠕虫、水生昆虫、蜗牛等。由于它的活动量大，所以食量也很大。鸭嘴兽每天所吃的食物几乎和它的体重相等，有人观察到一只鸭嘴兽一天吃了540条蚯蚓、2~3只虾，还有2只小青蛙。

鸭嘴兽喜欢在水边挖洞而居，尤其是在近水的树下建造它的地下室。地下室有两个洞口，一个在水下，一个在岸上。由于岸上的洞口容易被敌害发现，聪明的鸭嘴兽就在洞口用杂草、碎石伪装起来，这样敌害就不容易发现了。水下的那个洞口则主要是为了方便到水下觅食，还能逃避敌害。

鸭嘴兽是世界上极其珍贵的动物，在学术上对研究古生物有重要意义，但人类对其多年的滥捕已使这个种群严重衰落，曾一度面临灭绝的危险。澳大利亚政府已制定保护法规对其进行保护。

亚洲象——长鼻子的大力士

亚洲象别名印度象、大象、野象，属于长鼻目，象科。多栖息于热带地区，主食竹笋、嫩叶、野芭蕉等。在中国，亚洲象为国家一级保护动物，被列入《濒危野生动植物种国际贸易公约》附录Ⅰ中，并被世界自然资源保护联盟列为濒危种。

亚洲象身躯高大威武，四肢粗大强壮，前肢5趾，后肢4趾；尾短而细；皮厚多褶皱；全身被稀疏短毛；头顶为最高点，体长5～6米，身高2.5米，体重达4～6吨。亚洲象的嗅觉和听觉非常发达，但视觉较差。亚洲象的平均寿命为50～65岁，饲养条件下，有活到80岁的纪录。

亚洲象最为引人注目的特征，也是最富传奇色彩的就是那长约2米、鼻端有一个肉突，而且弯曲、缠卷自如、感觉十分灵敏的肉质长鼻。大象的鼻子是上唇的延长体，它主要由四万多条肌纤维组成，里面有丰富的神经联系，具有和人手一样的功能。所以，象鼻对于大象来说不仅仅是嗅觉器官，而且是取食、吸水的工具和自卫的武器。

亚洲象的另一个特征就是它的长长的象牙，平均长度在2米左右。象牙也是亚洲象强有力的防卫武器，雌象的牙较短，不凸出于口外。

亚洲象的耳朵也很大，宽度近1米，有利于收集声波，所以它们的听觉非常敏锐，彼此之间常用人们听不见的次声波进行联络。而且，由于大象耳部的褶皱很多，表面积大为增加，所以散热也就更快。在炎热的夏季，它就是靠不停地扇动2只大耳朵使耳部的血液加速流动，达到散热降温的目的。此外，它的耳朵还能驱赶热带丛林中的蚊蝇和寄生虫。

↓一家三口，其乐融融。

亚洲象的食量大得惊人,每天要吃100~150千克的新鲜植物,因此在野外需要占据几十平方千米的活动或取食领域。为了吃到足够的食物,象群还要经常从一个地方走到另一个地方,边走边吃。它的游动性极大,而且是有规律的周期性活动,经常穿行边境"周游列国"。虽然大象体格庞大,但是这不影响它们的速度。作为群居性动物,象以家族为单位,由雌象做首领,每天活动的时间、行动路线、觅食地点、栖息场所等均听雌象指挥,而成年雄象只承担保卫家庭安全的责任。有时几个象群会聚集起来,结成上百只的大群,浩浩荡荡,场面十分壮观。

↑ 大象被认为是智商较高的一种动物。泰国北部的8头大象用实际行动再次证实了这一论断,它们联手"绘制"了一幅巨幅油画,从而创造出了一项新的吉尼斯世界纪录。

亚洲象还有很多有趣的习性,它们性格活泼,喜欢水浴,常在河边或水塘边洗澡、嬉戏,用长鼻子吸水冲刷身体,还喜欢将泥土涂满全身,以便除去身上的寄生虫,同时也可防止蚊虫叮咬。它还是游泳好手,游泳的速度也不慢,可以连续游五六个小时,渡过很宽的河流。

亚洲象和人类的关系非常亲近。亚洲象的智商很高,性格善良而温顺,容易被人类驯化,是力量、威严和吃苦耐劳、任劳任怨的象征。印度是最早驯养亚洲象的国家,始于公元前3500多年。现在几乎所有产亚洲象的国家都将其驯化为家畜,用于开荒、筑路、伐木、搬运重物等。亚洲象几乎受到所有产地国家的热爱,老挝的国旗上画着数只亚洲象,并将首都取名为万象。泰国是拥有亚洲象最多的国家,素有"大象之邦"之称。亚洲象不仅是泰国文学艺术上的一个永恒的主题,而且被认为是佛教的圣物,在古时还被组成军队,用于战争。据说在17世纪时,泰国的军队中有两万多只训练有素的亚洲象冲锋陷阵,为战胜敌人立下了汗马功劳。令人想象不到的是,经过训练的亚洲象还能替主人细心地看管小孩呢!

令人遗憾的是,现在野生亚洲象数量已不多,在我国仅分布于云南省南部与缅甸、老挝相邻的边境地区,由于屡遭猎杀,数量已十分稀少,现存大约不到300头。

为了保护濒临灭绝的亚洲象,亚洲各国在其分布地区建立了自然保护区,对随意猎杀野象的凶手,都会按法律予以严厉制裁。

←在印度,大象还是人们的好帮手呢。

亚洲野驴 —— 荒野上的"长跑健将"

亚洲野驴属奇蹄目，马科，主要分布于我国内蒙古、西藏、新疆、甘肃、青海等地；在蒙古、哈萨克斯坦、乌兹别克斯坦、伊朗、土耳其等国家也有分布。分布于我国西北部和蒙古境内的叫蒙古野驴，是数量最多的1个亚种。野驴为我国一级保护动物，被列入《濒危野生动植物种国际贸易公约》附录Ⅰ中。

亚洲野驴具有体形较小、耳朵长且大、颈部的鬃毛短而直立、没有额毛、尾有长毛从尾下半部长出、尾巴的末端具穗状毛和蹄痕呈卵圆形的驴类特征，外形更像家驴与家马杂交而生出的骡子，所以在产地也被叫做"野骡子"。

亚洲野驴也是很健壮的动物，它们体长2米多，四肢粗壮，略显细长，刚劲有力，它们的毛色会随季节转变而变化，在夏季，毛为赤棕色，背中央有一条杂有褐色的细纹；在冬季，毛色转为灰黄色。

← 奔跑的亚洲野驴

亚洲野驴于7~8月份发情交配，每胎产1崽。为争夺雌兽，雄兽之间常会发生激烈的争斗，经常被咬伤、踢伤，甚至弄得鲜血淋漓，失败者常会因很难有与雌兽交配的机会而成为"光棍驴"。通常情况下，亚洲野驴的寿命为25~30年。亚洲野驴的生活环境是多样的，但大都是气候干旱的草原、半荒漠、丘陵、山地和高原等地带，最高可达海拔4000~5000米，因此它们具有很强的适应性，极为耐寒，不惧风雪，也不怕烈日曝晒，性蛮悍不易被驯化，是十分典型的荒漠动物。亚洲野驴主要以戈壁的猪毛菜、野葱、芦苇、柽柳、节节草等沙生植物为食，在高山地区则以高山植物为食。它们的栖息地不固定，但活动范围有明显围绕水源的特点。

亚洲野驴善于奔跑，迅速而持久，还是荒漠草原上的"长跑健将"呢！

亚洲野驴也是喜欢群居的动物，通常情况下由健壮的雄兽担任首领，并形成一定的社会序列。春季和夏季多结成5~6只的小群活动，秋季后则结成较大的群体，多时达到数百头以至上千头。群体行走时很有秩序，由雄兽当先开路，幼崽在中间，雌兽在后面压阵，很少发生混乱。亚洲野驴还喜欢洗浴，能游泳，视觉和听觉都很敏锐，警惕性很高，有时与鹅喉羚等食草动物在一处觅食，但互不干扰。

鉴于亚洲野驴的珍贵和它们生存环境的恶化，人类正在做出积极的努力，以还给它们一个良好的生存环境。

扬子鳄——中国土龙

扬子鳄别名中华鼍、土龙、猪婆龙等，属爬行纲，鼍科，是现存最古老的爬行动物，具有2亿多年的历史，为我国特有动物。扬子鳄主要分布在安徽南部以及与安徽南部交界的浙江的沼泽地区，是我国现存的唯一鳄种。《世界自然保护联盟红皮书》把野生扬子鳄定为"极危级"，我国将它定为国家一级保护动物。

→ 被称为"活化石"的扬子鳄

龙文小百科 世界自然保护联盟

世界自然保护联盟常简称为IUCN，它根据所收集到的可用信息，并依据IUCN物种存活委员会的报告，编制全球范围的红皮书。最初IUCN发布的濒危物种红皮书仅包括陆生脊椎动物，后来，开始收录无脊椎动物和植物，内容逐年增加。IUCN红皮书对珍稀动植物的统计和保护起到了一定的积极作用。

大的扬子鳄体长可达2米；头扁，吻长，外鼻孔位于吻端，具有活瓣；身体外被角质鳞，角质鳞似长方形，排列整齐，有两列甲片凸起形成两条脊纵贯全身；背面的角质鳞有6横列，背部呈暗褐色，有黄斑和横条；腹部角质鳞较软；尾侧扁，尾部有灰黑相间的环纹；四肢短粗，趾间有蹼，趾端有爪。扬子鳄在5~6月份进入繁殖期，7~8月份产卵，卵白如鸡蛋，2个月后小鳄孵化出壳。初生小鳄为黑色，带黄色横纹，它们十分虚弱，常受到其他动物威胁。

扬子鳄善于游泳，穴居在池沼底部，主要以螺、蛙、虾、蟹、鱼及鼠、鸟等为食，遇上较大猎物时，会以粗硬的尾巴击打对方，饱食一顿后的扬子鳄可长时间不吃东西。扬子鳄有冬眠习性。寒冬，扬子鳄钻到地下洞中蛰伏，冬眠至4~5月份，穴顶有通气小孔，洞窟是长达几米到20米不等的隧道，内铺枯木、杂草等。

爬行动物曾称霸于中生代，那时，地球是它们的天下。后来因为环境变化，恐龙等许多爬行动物不能适应而绝灭了，而扬子鳄等爬行动物却一直繁衍到今天。在扬子鳄身上，至今还可以找到早先恐龙类爬行动物的许多特征。所以，人们称扬子鳄为"活化石"。

扬子鳄具有重大的学术价值和科研价值，它在生理上具有许多残遗特征，它在分布上的不连续性也说明了这一点。为了探索扬子鳄的奥秘，我国已建立了扬子鳄保护区和扬子鳄繁殖研究中心。目前，由于长江下游湿地遭到严重破坏，河湖被围成农田，造成扬子鳄的野生数量急剧减少。

第1章

世界珍稀 动植物 博览

动物篇 DONG WU PIAN

野牛——孤傲的"白袜子"

野牛别名"白袜子"、白肢野牛等，属于哺乳纲，偶蹄目，牛科。主要分布在我国云南西双版纳和高黎贡山地区，东南亚及印度等地也有分布。目前数量稀少，已被列入《濒危野生动植物种国际贸易公约》，为国家一级保护动物。

↑野牛总是穿着"白袜子"。

那么，人们为什么叫这种动物为"白袜子"呢？原来，从外表看，野牛的全身呈深暗棕色，鼻唇灰白色，四肢上半截内侧为金棕色，但膝盖以下是白色，所以人们戏称其为"白袜子"。野牛体长2米多，头大、耳大、背脊发达而凸出，四肢粗短，尾长，且有一束长毛，身上的毛短而厚。

↓大头、大耳的野牛

野牛通常栖息在热带、亚热带的阔叶林、竹阔混交林和稀树草原，这里都是坡度较陡、林木葱郁、环境清幽、食物丰富、人迹罕至的地方，但却离水源都不远，最高处可达海拔2000米左右。它们以各种草、树叶、嫩枝、树皮等为食。野牛有垂直迁徙的习性，夏季多在海拔较高的山上，冬季则逐渐下降，活动范围较广，没有固定的住所。野牛喜欢群居，但群体不大，数只到二三十只不等，以雌兽、幼崽和亚成体组成，其中有一只体形较大的雌兽为首领。如果发现异常情况时，它就会用鼻子哼气，整个群体立即奔逃离去。野牛虽然躯体十分笨重，但在受惊逃跑时，却非常迅速。如果领先的几只跑得太快，在跑了一段距离后会停下来，等待落后的个体跟上时再一起前进，很有团体精神。

过去，野牛曾经被人们描述成一种极其凶猛而又狡猾的动物，是森林中特别危险的猛兽，并且流传着不少它袭击、伤害人类的故事，其实这些故事大部分都是言过其实的。事实上，野牛是羞涩避人的，只要嗅到人的气味或者听到人的声响，马上就躲开了。只有在受了伤或在被逼无奈时，才会变得十分凶狠，或是立即猛冲过来，或是采用野牛类司空见惯的伎俩，即假装逃走，然后绕个弯子倒转回来，埋伏在路边密丛中，等人走近时才突然猛冲过来，发起攻击。此外，雌兽在携带幼崽的时期，也会变得勇猛异常，如果见到有人走近，便会误认为来者会伤害它的幼崽而奋不顾身地扑过来伤害人类。

野猪——嗅觉机敏的山猪

野猪,俗名山猪,属哺乳纲,偶蹄目,猪科。主要分布在非洲、欧洲和亚洲。野猪体长约1.2米,体表疏生刚毛,毛为黑褐色,年老的野猪背面会混生白毛;犬齿极发达,雄的呈巨牙状,称为"獠牙",在上颌的上方向外生长;吻部比家猪长,这与它的掘食性有关。野猪的鼻子十分坚韧有力,可以用来挖掘洞穴或推动40~50千克的重物,或当作武器。野猪的嗅觉特别灵敏,它们甚至可以用鼻子分辨食物的成熟程度,搜寻出埋于2米深的积雪下的一颗核桃,雄兽还能凭嗅觉来确定雌兽所在的位置。

野猪喜欢在泥水中洗浴。雄兽还要花好多时间在树桩、岩石和坚硬的河岸上磨擦它的身体两侧,这样就把皮肤磨成了坚硬的保护层,可以避免在发情期的搏斗中受重伤。野猪身上的鬃毛具有像毛衣那样的保暖性,到了夏天,它们就把一部分鬃毛脱掉,这时看起来就像穿了一件破旧的衣服。

野猪平时生活在山林中,它们大多集群活动,4~10头为一群,有人见过最大的一群竟达到31头!但它们白天通常不出来活动。野猪的繁殖率和幼崽的存活率都很高,在食物丰富的时候,一头最佳年龄的母野猪一年能生产2次,一胎就能生4~12头小崽,真可谓"英雄母亲"。有趣的是小野猪在出生的头一年中,体重能增加100倍,这种生长速度在脊椎动物中是很少见的。

野猪的天敌很多,如狼、熊、豹、猞猁和猛禽等野生动物,因此必须警惕任何突然袭击。野猪机灵凶猛,奔跑速度快,警惕性也很强,身上的鬃毛既是保暖的"外衣",又是向同伴发出警告的报警器。一旦遇到危险,它会立即抬起头,突然发出哼声,同时鬃毛都会竖立起来。但野猪的最大的敌人却是人类,由于人类的大量捕杀,野猪的数量已经变得非常稀少了。尽管野猪也有天敌,而且面临着越来越多的来自各方面的威胁,但只要能够保持生态平衡,野猪也能在这个生气勃勃的世界上占有一席之地。

第 1 章 世界珍稀动植物博览

动物篇 DONG WU PIAN

遗鸥 —— 人类最晚认识的水鸟

↓ 伫立在水边的遗鸥

遗鸥属于鸥科，主要产于内蒙古、河北、山西、北京、甘肃。为世界濒危物种，属于国家一级保护动物。

遗鸥的发现过程是很曲折的。遗鸥，意为"曾被遗忘或忽略的鸥"，是人类认识最晚的一种水鸟。1929年，在内蒙古西部的额济纳发现了第一号也是当时唯一的标本。随后的几十年里，动物学家对其归属争论不休，大多数人认为它是其他鸥类的变种或杂交产物。直到1971年，苏联鸟类学家才在哈萨克斯坦阿拉湖发现一个种群，并提出应视其为独立物种的观点。而那时，最初发现遗鸥的地方已基本干涸，全世界到底还有多少遗鸥，几乎是个谜。1987年，中国科学院的几位专家到内蒙古一带考察，偶然碰到一只死鸟，看起来像鸥。他们取回做了标本，在鸟腹中还发现了几枚没有产出的卵。2年后，英国观鸟人士马丁到中科院动物研究所观看标本，在众多鸟类标本中一眼发现了这只鸟，也就是遗鸥。

遗鸥为中型水鸟，全长44厘米左右。上体为灰色；头、上颈为黑色；眼上下各有一半圆形的白斑；颈项、腰、尾为白色；初级飞羽以白色为主，具有黑斑；次级飞羽为银灰色；下体纯白；喙、脚为暗红色。

遗鸥栖息于大型水域，以鱼类、水生无脊椎动物及草叶为食。筑巢于沙岛上，常与燕鸥、噪鸥、巨鸥的巢混在一起，以枯水草为材。5月中下旬产卵，每窝2~3枚，卵为灰绿色并具有黑斑。孵卵期24~26天。雏鸟约40天后具飞翔能力。

但是，自从鄂尔多斯高原是世界遗鸥的最大"天堂"这一事实被"揭秘"后，吸引了越来越多国内外游客，周边地区逐渐被开发为旅游区，越来越多的人类活动，已经对遗鸥的生存与繁衍构成了极大威胁。

109

玉带海雕——凶猛漂亮的黑鹰

↑ 英挺的玉带海雕
↓ 图画《山岩上的歇息》

玉带海雕,也称黑鹰,属隼形目,鹰科,是一种曾广泛分布于我国西部高原的海雕,在国外,主要分布在伊拉克(冬季)至中亚、印度北部及缅甸。如今玉带海雕的数量非常稀少,《中国濒危动物红皮书·鸟类》中,其被列为渐危种,属国家一级重点保护动物。

玉带海雕体长76~84厘米,上体为暗褐色,下体为棕褐色,头部为金黄褐色,呈矛纹状羽饰;尾呈黑褐色,中部具有一条宽的白横带,故有"玉带海雕"之称;喙为铅灰色;脚及趾为淡黄色或暗土黄色,爪为黑色;常发出响亮的尖叫声。它在空中双翅展开可达2米,其在空中盘旋,瞪着一双凶狠发光的眼睛,使它的猎物视之发抖。雌鸟的羽色与雄鸟类似,但体形稍大。

玉带海雕的繁殖期从每年的11月到第二年3月,通常营巢于湖泊、河流或沼泽岸边的高大乔木上,偶尔也在渔村附近或离水域较远的树上筑巢。巢的结构较庞大,主要由枯树枝和芦苇构成,有时会侵占乌鸦等其他鸟类的巢。每窝产卵2~4枚,卵为纯白色,光滑无斑。主要由雌鸟孵卵,孵化期为30~40天。雏鸟为晚成性,由亲鸟共同抚育70~105天后离巢。

玉带海雕栖息于开阔河谷地区以及荒漠和草原地区,也能居留在海拔4000米的高山地区。和其他鹰科动物一样,玉带海雕是鼠、兔等草原动物的天敌。它们常在浅水处捕食各种水禽,有时也吃蛙和爬行类动物,或死鱼和其他动物的尸体,甚至还偷吃家养水禽或偷窃其他鸟类的食物。它们常静栖在距旱獭洞或鼠、兔洞十几米远的地方,当猎物将头探出洞四处张望时,硕大的玉带海雕便猛扑过去将其捕获。由于它们起飞时的声响很小,因此捕食的成功率很高。

目前,玉带海雕的数量已十分稀少,导致其数量锐减的因素很多,比如草原大面积灭鼠、灭虫使得它们的食物变得非常稀少,而且农药也对其生命构成了极大的威胁。另外,玉带海雕赖以生存的自然条件也遭到破坏。又由于玉带海雕的尾羽是非常珍贵的羽饰,因此常遭到人们的捕杀。这一切都使得我们很难看到玉带海雕的身影。所以,保护玉带海雕的工作势在必行!

鸳鸯 —— 貌似忠贞的水禽

↓ 人们眼中爱与忠贞的象征——鸳鸯

鸳鸯属鸟纲，雁形目，鸭科。鸳鸯多在东北北部、内蒙古繁殖，在东南各省越冬；少数在台湾、云南、贵州等地是留鸟。多栖息于河谷、溪流、苇塘、湖泊、水田等处，为杂食性动物。为我国特产珍禽之一，属国家二级保护动物。

人们常说鸳鸯是水禽中最美的种类，但实际上，美是对雄鸳鸯而言。雄鸳鸯特征显著：头顶有红色和蓝绿色的羽冠，面部有白色眉纹，喉部呈金黄色，颈部和胸部呈紫蓝色，特别是它的两片橙黄色略带有黑边的翅膀，是辨认该鸟的明显特征。相比之下，雌鸳鸯的一身羽毛以灰褐色为主要色彩，就显得逊色多了。

那么，是什么原因导致了雌雄鸳鸯在外表上的巨大差别呢？这并不是大自然的偏爱，而是各有其用。雄鸳鸯的漂亮羽色可以引来雌鸟组成"小家庭"；雌鸟羽色暗淡，有利于在巢内孵卵、育雏，以免轻易被敌害发现。通常情况下，鸳鸯的繁殖期为4～6个月，雌雄鸟常常形影不离，多营巢于树洞中，每窝产卵7～12枚，卵呈淡绿黄色。

↑ 这便是人们常说的鸳鸯成对。

↑ 漂亮而玲珑的鸳鸯

与其他生物相比，鸳鸯被人们赋予了更多的文化内涵。它常是诗人作诗、画家作画的题材，它羽衣华丽，堪称世界上最美的水禽，极具观赏价值。我国古代民间有这样的说法：一对鸳鸯一生中永不分离，如果其中一只死去，另一只也绝不再选配偶。因此人们视其为爱情忠贞的象征，常常送给新婚夫妇绘有鸳鸯图案的礼品以祝愿他们的婚姻幸福长久。

福建省屏南县有一条11千米长的白岩溪，溪水深秀，两岸山林恬静，每年有上千只鸳鸯在此越冬，又称鸳鸯溪，那里是中国第一个鸳鸯自然保护区。然而，在鸳鸯自然保护区，人们实际观察到，鸳鸯只是在繁殖期建立固定的配偶关系，亲密相处，形影不离，但产卵、孵化、育雏都是雌鸟单独承担。雄鸟自"结婚"后，恰似"花花公子"一般，到处游玩，把"家"里的事情全部都推给了雌鸟。而且，一旦一方死去，另一方从不"守节"，而会再行婚配。

藏羚羊——"高原精灵"

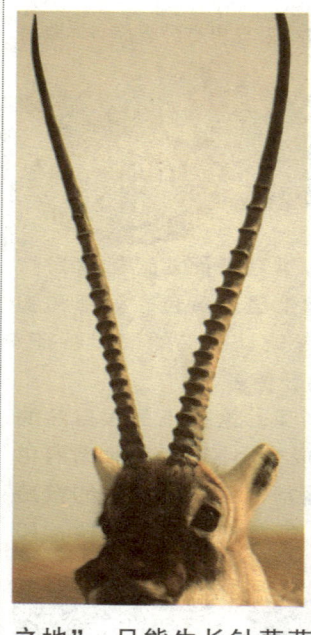

←好漂亮的长角，难怪贪婪的人类想据为己有。

藏羚羊有"高原精灵"、"高原隐士"之美誉。属偶蹄目，牛科，藏羚属。主要分布在我国青海、西藏、新疆三省区，现存种群数量为7～10万只。藏羚羊是中国青藏高原的特有动物、国家一级保护动物，也是被列入《濒危野生动植物种国际贸易公约》中严禁进行贸易活动的濒危动物。

藏羚羊飞奔时四蹄腾空，闲步时轻盈俊秀，在"世界第三极"——青藏高原约60万平方千米的雪域荒野上，留下了美丽的身影。藏羚羊发情期为冬末春初，雄性间有激烈的争雌现象，1只雄羊可带领几只雌羊组成一个家庭，6～8月份产崽，每胎产1崽。

藏羚羊多栖息在高原荒漠、冰原冻土地带及湖泊沼泽周围。藏北羌塘、青海可可西里以及新疆阿尔金山一带是令人类望而生畏的"生命禁区"，植被稀疏，尽是些"不毛之地"，只能生长针茅草、苔藓和地衣之类的低等植物，而这些却是藏羚羊赖以生存的美味佳肴。

藏羚羊生性怯懦机警，听觉和视觉发达，常出没在人迹罕至的地方，极难接近，有长距离迁移的习性。平时雌雄分群活动，一般2～6只或十余只结成小群，或数百只以上结成大群。

令人心寒的是，1985年以前，可可西里生活着大约100万只珍贵的藏羚羊，但随着欧洲和美洲市场对莎图什披肩的需求增加，导致其原料藏羚羊绒价格暴涨，中国境内的可可西里无人区随即爆发了对藏羚羊的血腥屠杀，各地盗猎分子纷纷涌入可可西里猎杀藏羚羊。在短短几年间，数十万只藏羚羊几乎被杀戮殆尽，现在可可西里大约只残存有不到2万只藏羚羊。

为了保护藏羚羊和其他青藏高原特有的珍稀动物，国家于1983年成立了阿尔金山国家级自然保护区，1992年成立了羌塘自然保护区，1995年成立了可可西里省级自然保护区，1997年底上升为国家级自然保护区。

↑孤独的"高原隐士"

藏马鸡 —— 婀娜多姿的鸟类

藏马鸡别名白马鸡,是世界珍贵鸟类,国外已经绝迹,现主要分布在我国四川、青海、西藏、云南等地,已被列为国家二级保护动物。

藏马鸡是一种惹人喜爱的观赏鸟类,雄鸟通体羽毛大都呈白色,头侧绯红。头顶具黑色绒状羽,耳羽簇呈白色。尾羽特别长,具绿蓝色辉光,末端泛紫色光泽。雌性成鸟的体羽颜色酷似雄鸟,但体形稍小,有时羽色亦较暗淡。除了有美丽的尾羽外,头和脚都是橘红色的,眼圈就像用圆规画成的鲜红太阳,耳毛特长而且耸起。

藏马鸡性情温顺,不爱远飞,走起路来婀娜多姿,别具一格。它的羽毛柔软艳丽,可制作工艺品,有较高的经济价值。

藏马鸡以蕨类、草叶、草根、云杉球花、青稞种子等为食。主要栖息于海拔 3000~4000 米的针阔混交林及高山灌丛中,常集群活动,在秋季常集结成 20~30 只甚至多达数百只的大群。5~6 月上旬繁殖,筑巢于林中枯朽倒木下面,巢用枯枝、苔藓、枯草等搭建而成,内垫残羽。每窝产卵 6~9 枚,卵为土黄色或青灰色,均为纯色,其上无斑。孵卵期至少 22 天。

↑ 婀娜的藏马鸡

↑ 红太阳般的眼圈

龙文小百科 香格里拉

"香格里拉"一词源于藏经中的香巴拉王国,在藏传佛教的发展史上,其一直作为"净土"的最高境界而被广泛提及,在现代词汇中它又是"伊甸园、理想国、世外桃源、乌托邦"的代名词。而香格里拉的真正的地点就在迪庆,藏语意为"吉祥如意的地方",是云南省唯一的藏族自治州,也是全国10个藏族自治州之一。迪庆地处金沙江、澜沧江、怒江三江并流的国家级风景名胜区的核心。当地特殊的地理位置和气候条件,使境内形成复杂的地貌结构和便于动植物繁衍生息的多层次自然景观,孕育了极为丰富的旅游资源。

↑ 充满神秘气息的香格里拉

针鼹——浑身长刺的食蚁兽

针鼹又称刺食蚁兽，哺乳纲，单孔目，针鼹科。针鼹的足迹遍布澳大利亚东部，在塔斯马尼亚岛以及新几内亚岛的中部和南部也可以看见它们的踪影。针鼹和袋鼠一样，也是澳大利亚的象征，是一种非常珍稀的动物。

↑ 针鼹长得很像刺猬，体毛杂有坚硬的棘刺

针鼹有长吻和短吻两大类：长吻类有3种，仅分布于新几内亚。短吻针鼹是现存分布最广泛、最常见的单孔目，塔斯马尼亚岛的短吻针鼹身上毛较多，曾经被当作是独立的种。

长吻针鼹的体形几乎比短吻针鼹大一倍，是最大的单孔目成员，吻部长而弯，身上的刺短而稀疏，毛则比较多。

从外形上看，针鼹长得很像刺猬，它们的身上既有柔软的毛又有硬的棘刺，吻部长，以白蚁、蚁类和其他虫类为食，用细长而富有黏液的舌来捕获食物，并用舌上的角质板和口腔顶部的硬脊加以磨碎。

针鼹吻细长，鼻孔和口位于吻端；口小，没有牙齿，舌细长；眼小；具有外耳壳，部分隐于毛中；四肢短，爪长而锐利，适于掘土；雄性后肢踝部有毒距；尾短，下面裸露。

令人惊奇的是，针鼹虽为卵生的单孔类，靠近尾的基部有单一的泄殖腔孔，但雌兽在繁殖期在其腹面也会生出临时的育儿袋，卵直接产到育儿袋中孵化，孵化后幼兽会在袋中生活一段时间。

针鼹多栖息于多石、多沙和多灌丛的区域，或住在岩石缝隙和自掘的洞穴中，黄昏和夜晚出来活动。针鼹的寿命很长，在动物园中，短吻针鼹有的可以活50年以上，长吻针鼹有的可以活30年。

龙文小百科 单孔目

单孔目是哺乳纲动物中原兽亚纲仅有的一目。目前，只分布在大洋洲地区，主要在澳大利亚东部及塔斯马尼亚岛生活。

动物学家们推断，单孔目动物应该是于三叠纪期间从其他哺乳动物中分支出来的。它们是现存哺乳纲动物当中最原始的一群。

单孔目动物与爬行类及鸟类一样，是靠产卵进行繁殖的。它们没有界限分明的肛门、尿道及产道，而是由合一的泄殖腔孔代替，故称单孔目。与大多数鸟类一样，单孔目生物都由母亲孵化出来，孵化出来的幼兽与其他哺乳类动物一样，会自行寻找乳汁，靠母乳喂养长大。

单孔目动物的乳腺管开口于腹部两侧的乳腺区，但没有乳头。它们的体温通常较低，但具有体温调节的能力。

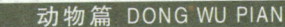

中华鲟——游动的"活化石"

中华鲟，属硬骨鱼纲，鲟形目，鲟科，鲟属。中华鲟是中国的特有鱼种，集中分布在长江、珠江、闽江、钱塘江、南海和东海。中华鲟被誉为"长江中的活化石"，是中外瞩目的稀世之珍，是国家一级保护动物。

中华鲟长1.7~3.2米，身体呈椭圆筒形，最大个体重560千克。吻部尖长而凸出，口前有两对吻须，用来搜寻水底的无脊椎动物、小鱼和其他食物。体表被五纵行骨板。幼鱼皮肤光滑。

↑ 水中的"活化石"——中华鲟

中华鲟是一种海河间洄游性鱼类，它们喜欢栖息于沙砾底质的江段，幼鱼摄食底栖无脊椎动物，成鱼主食鱼类。它们生在江河里，长在海洋中，在那里成长、发育，成熟期较长，至性成熟需11~14年。中华鲟平常生活在海洋中，而当它们性成熟将要产卵繁殖时，却要潜游于江底，上溯3000多千米，到长江上游的四川江段至金沙江下游的江段进行产卵繁殖。秋

↑ 中华鲟的大头照

季，当幼鱼孵出后，便跟随着亲鱼"远行"，顺流而下，到东海、黄海、渤海等海域去生活。可以说，是长江和金沙江奔腾的激流养育了它们的初生后代。

中华鲟是一种非常古老的生物，最早出现于距今约1.4亿年的白垩纪，因此，它在研究地质地貌变迁和生物演变规律等方面都具有重要价值。中华鲟的寿命很长，可活一二百年。但人类的贪欲是中华鲟最大的敌人，由于中华鲟肉质肥美，卵可制鱼子酱，是珍贵食品；鳔和脊索可制鱼胶，所以过去一直遭到过度捕捞。加之

↓ 长江三峡养育了中华鲟

↓长江边死亡的中华鲟

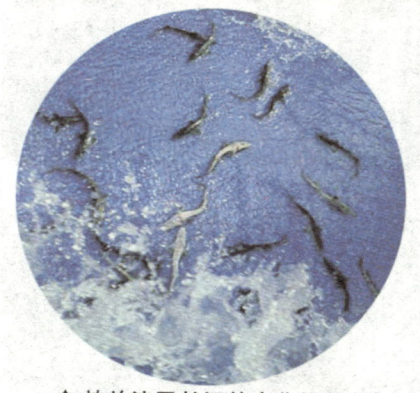
↑被放流回长江的中华鲟幼鱼

人们忽视生态平衡，也使这种"长寿"的鱼类自然资源遭受严重影响，已濒临灭绝的境地。比如，在20世纪70年代，每年捕获量在1000条左右，鱼卵被制成鱼子酱出口。当人们认识到这种单单注重眼前利益而不考虑生态平衡的行为所带来的危害时，中华鲟已是岌岌可危，于是，拯救中华鲟已成为了一件刻不容缓的事情。

在全国大规模拯救中华鲟的活动中，中华鲟的悲惨命运得到了改变。面对被截断了的长江故道，中华鲟终于能够及时适应环境。专业科研机构在葛洲坝下建立起了新的产卵场所，出生的幼体也在逐年增多，被挽救的中华鲟成鱼以及人工繁殖、饲养的幼鱼一批批被重新放流到长江——它们的家中。目前，长江中的中华鲟数量已经趋于稳定，标志着我国挽救和保护中华鲟的工作取得了相当大的成功，并为长江三峡工程兴建和保护珍贵水生动物提供了宝贵的经验。据有关资料统计，我国现存中华鲟自然资源量约2000尾，仍需要人工保护。

龙文小百科 白垩纪

白垩纪是地质年代的名称，它是中生代的最后一个纪，时间为6500万~1.35亿年前，位于侏罗纪和第三纪之间。白垩纪是处于整个地质年代中地球海洋最广阔的一个时期，但到该纪的末期，海洋从世界范围退缩，陆地开始上升，现在世界上所见到的许多大山脉都是此期完成的，造山运动也多是在这一时期开始。

白垩纪时期陆地动物爬行类已达全盛，恐龙类最为突出，但至该纪末期急剧衰亡，此时已有低等哺乳类存在。当时海洋中的菊石类非常繁盛，但已表现出进化至后期的状态，如大型化、旋卷样式的异常化等都很明显。无脊椎动物有孔虫兴盛。菊石类和箭石类均在白垩纪末绝灭。白垩纪有了早期的被子植物，到了晚白垩世已经完全占据了地球的统治地位。

↑白垩纪遗留的一具完好的恐龙化石骨架

↓一具晚白垩世的鱼骨化石

中美貘——泥地里的"小坦克"

中美貘又名"拜氏貘",是奇蹄目,貘科,貘属动物。多分布于墨西哥南部至哥伦比亚和厄瓜多尔的安第斯山以西地区,它们是奇蹄目中在美洲唯一的代表,目前已被列入《濒危野生动植物种国际贸易公约》附录。

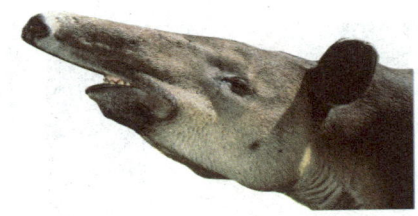

↑中美貘的面部特写

中美貘栖居于茂密的热带雨林中,是美洲体形最大的一种貘。它们躯体粗壮、腿短,前足4趾,后足3趾,是奇蹄类中仅有的前足4趾的动物。体长200~250厘米,肩高120厘米,尾长6~12厘米,体重超过300千克。它们的鼻部与上唇发育成厚而柔软的筒状吻,可以用来钩住树叶送入嘴内。中美貘的上唇比马来貘的短,但尾较长些,全身呈棕黑色,头和颊部的颜色较浅,唇边、耳尖、喉和胸部有白色斑块,这是中美貘独有的特征。

↑成年中美貘全身呈棕黑色。

↑中美貘幼崽的体表是条纹状的。

中美貘为林栖动物,通常单独生活,喜欢栖息在靠近水源、植被丰富的地方。它们白天休息,夜间出来觅食,以水生植物、树叶、细树枝、嫩芽与低矮植物上的果子等为食,有时也会损坏庄稼。它们喜欢在泥中跋涉、水中嬉戏;善于游泳和攀登,能快速地越过崎岖的道路;耐热性较强,但不喜欢阳光直晒。中美貘生性机警、胆怯,遇到危险时会逃到水中或冲入茂密的丛林里;嗅觉与听觉都很敏锐,但视觉差。

中美貘没有固定的繁殖季节,但多在5~6月间发情交配,孕期13~13.5个月,每胎产1崽。初生幼崽体重7~9千克,全身棕褐色,有白色斑点和条纹,数月后逐渐消失,哺乳期约3个月,4~5岁达到性成熟,寿命20~25年。

如今,在北京动物园的貘馆中就能看到它们的身影,它们在饲养员的精心照料下,正健康地生活、繁衍着。

朱鹮——鸟类"东方宝石"

↑ 有鸟类"东方宝石"之称的朱鹮
↓ 观舞

朱鹮有鸟类"东方宝石"之称,属鹳形目,鹮科,别名朱鹭,也被称为朱脸鹮鹭、日本凤头鹮、红鹤鹮等。由于它的体态优美,性情温驯,我国人民把它当作吉祥的象征,叫它"吉祥之鸟",日本人叫它"仙女鸟",并曾以它为"国鸟"。朱鹮是世界上最濒危的鸟类之一,1994年11月30日,世界自然保护联盟理事会通过《国际濒危物种等级新标准》,朱鹮被列为极濒危动物。

朱鹮体长约77厘米,体重约1.8千克。雌雄羽色相近,体羽为白色,羽基微染粉红色,初级飞羽基部粉红色较浓;后枕部有长的柳叶形羽冠;额至面颊部皮肤裸露,呈艳丽的鲜红色;喙细长而末端下弯,长约18厘米,黑褐色,末端红色;腿长约9厘米,为朱红色。

朱鹮5月产卵,每次产卵3~4枚,卵呈淡青色具褐色细斑。雄雌朱鹮轮流孵卵。大约1个月时间,雏鸟破壳而出,慈爱的父母轮班照看、喂养雏鸟。小朱鹮1个月后羽翼逐渐丰满,开始学习飞行,不久就能独自外出觅食了。

朱鹮平时栖息在高大的乔木上,觅食时才飞到水田、沼泽地和山区溪流处,以捕捉蝗虫、青蛙、小鱼、田螺和泥鳅等为生。朱鹮天敌很多,乌鸦和青鼬常来争巢毁蛋,伤害幼鸟,所以它对巢区的选择非常严格。朱鹮一般是一边孵卵育雏,一边扩大加固窝巢。

朱鹮曾广泛分布于俄罗斯西伯利亚的西南部,我国的中部、东北部,日本的南部和朝鲜半岛。据载,19世纪末及20世纪初,黑龙江上游、乌苏里江流域、兴凯湖沿岸都曾是朱鹮的栖息地,特别是西伯利亚湿地中,朱鹮的数量多如麻雀。1911年12月,在朝鲜半岛的西岸金堤,成千上万只朱鹮在那里集群,以至于如遮天蔽日的云霞一般。进入20世纪六七十年代后,由于环境恶化等因素导致种群数量急剧下降,野外几乎没有了朱鹮的踪影。幸运的是,朱鹮在失踪多年后,于1981年被人们在陕西省洋县姚家沟重新发现,当时数量为7只,曾轰动世界。此后,科研人员对朱鹮的生活和保护等进行了大量科学研究,并取得了显著成果。特别是饲养繁殖方面,于1989年在世界上首次人工孵化成功。自1992年以来,雏鸟已能顺利成活,为拯救这一珍禽带来了希望。经过20多年的人工繁殖和精心饲养,截至2003年,我国朱鹮的野外种群和人工繁育种群已经达到400多只。

紫貂 —— 身穿高贵皮衣的动物

紫貂又名黑貂、林貂，属哺乳纲，食肉目，鼬科，貂属。在国外，主要分布在俄罗斯西伯利亚和蒙古、朝鲜半岛等地；在我国主要分布于东北地区及新疆北部等地，为国家一级保护动物。

紫貂体躯细长，体长30～40厘米；四肢短健；体形似黄鼬而较之稍大，雄性一般比雌性大；体呈黑褐色，稍掺有白色针毛；头部为淡灰褐色，鼻面部较长；有直立的大耳，略呈三角形，耳缘为灰白色；具有黄色或黄白色喉斑；胸部有棕褐色毛，腹部色淡；尾短而粗，尾毛蓬松；爪很尖利，适于爬树。

↑紫貂有一对直立的大耳。

↓可爱的小家伙

从生殖上看，紫貂的孕期长达270~290天，它的受精卵在子宫中长期处于静止状态，最后两个月才迅速发育。产下的幼崽，眼睛紧闭，肉红色皮肤上只有稀疏短毛，既无视力，也无活动能力，又无御寒的能力，要到一个月以后才有视力。

紫貂生活在气候寒冷的亚寒带针叶林或针阔混交林中，是一种在地面生活的森林动物，只在生育子女时才以树洞为家，或者因惊扰而逃到树上躲避，当然有时也上树寻找食物。紫貂是一种非常爱清洁的动物，它们的洞内干净、清洁，还分为仓库、厕所和卧室等，卧室呈小圆形。除交配期外，紫貂多独居。其视觉、听觉敏锐，行动快捷，一受惊扰便瞬间消失在树林中。紫貂总是给人一种活泼的感觉，它们在行进中总是跑跑停停、边嗅边看，有时昂首向四周张望。捕食和避敌的时候则连跑带跳。它们多在夜间到地面或雪下取食，食物短缺时白天也出来猎食。紫貂的主要食物是各种鼠类，其次是鸟类，也吃松子及其他浆果，有时还能捕食野兔之类的动物，它的主要天敌是黄喉貂和猛禽。

紫貂的毛皮极其珍贵，为著名的"关东三宝"之一。紫貂的绒毛细密丰厚，皮极富弹性，质感细腻滑润，结实耐用，针毛灵动，为毛皮中的上品，特别是它那黑褐色毛中隐藏着的均匀的白色针毛，即人们所说的"墨里藏针"，历来被视为珍品中的珍品。用紫貂皮制成的裘装，得风则暖，着水不湿，遇雪即消。在清朝，规定皇室与二品以上王公大臣才能穿着貂裘。由于紫貂的繁殖力较弱，加上长期遭到大量捕猎，以及大面积采伐森林和喷洒鼠药造成污染，使其数量锐减，目前全国野外紫貂总数仅有1000多只，已经濒临灭绝。

鳟鱼——交响乐中"游"出的主角

↑ 珍贵的褐鳟鱼

↓ 由于人们的过度捕捞，鳟鱼的数量正大为减少，图为垂钓者手中的鳟鱼。

金鳟鱼

褐鳟鱼

人们了解鳟鱼是和一首著名的交响乐分不开的。1817年夏天，年轻的作曲家舒伯特写下了《鳟鱼》这首快活且富戏剧性的名曲。2年后，他又取用这段欢快的旋律，作为A大调钢琴五重奏第四乐章变奏曲的主题，鳟鱼也凭借这首同名的曲子而被人们所知晓，可以说它是从交响乐中"游"出来的。

鳟鱼属鲑目，鲑科，它主要属于两个属，大马哈鱼属和红点鲑属。鳟鱼的种类不是很多，全世界只有10种左右。

由于身体的颜色和大小类似其他种类，鳟鱼成为最难分类的鱼类之一。加上人工饲养和杂交以及外来品种的引进，使得鳟鱼的分类更加复杂。有几种原先划分为斑鳟属的鳟鱼现在普遍认为应划归为大马哈鱼属。褐鳟鱼是现在唯一划为斑鳟鱼属的鳟鱼，也是鳟鱼中的濒危动物。

通常，鳟鱼栖息在较凉的淡水中，尤其是湍急的溪流和较深的池塘里。原先主要产于北半球，现已被广泛地引进到世界各地适合于它们生长的水域。它们的食物主要是昆虫、小鱼和它们的卵以及甲壳类动物。

鳟鱼极为眷恋河里的生活，即使是那些栖息在海中的鳟鱼也会历经千难万险返回内河产卵。在每年的春天和秋天，雌鱼都会在河底沙砾层中挖出洞来，然后把卵产在洞里。卵孵化的时间大约是2~3个月，刚孵出来的小鱼苗离开洞以后，以食浮游生物为生。

由于鳟鱼是许多人理想中的垂钓和食用鱼，世界各地每年都对其大量捕捞，因此，全世界大多数野生海鳟、山鳟等鳟鱼的数量都在锐减，陷入濒危状态。

第 2 章 植物篇

很多人都痴迷于宫崎骏的动画片，尤其是片中那些高耸入云而又灵性十足的大树和林中变幻莫测的自然精灵，它们共同组成了一个生命的天堂，给人一种坚定顽强而又幽静神秘的感觉！

这就是大自然的魅力，其中千奇百怪的植物既给人以美感，又给人以惊奇，难怪清代著名文学家蒲松龄会在他的《聊斋志异》里，将那么多的植物点化成精、描画似人，或许这就是植物给人的体会和灵感吧！

在这部分文字中，我们既会惊叹于美国红杉的伟岸，也会陶醉于银杏树的美丽，更能领略到食肉植物猪笼草的奇异……

下面，就开始我们奇异的植物王国之旅吧！

瓣鳞花——荒漠中的"花仙子"

↑ 美丽的瓣鳞花
↓ 生长在北美土壤贫瘠地区的瓣鳞花

瓣鳞花为稀有种。该属在地中海、澳大利亚、智利和北美西部各有1种,在我国只分布瓣鳞花1种,仅出现在新疆、甘肃和内蒙古境内三个非常狭小的范围,植株极为稀少。

瓣鳞花为一年生矮小草本植物,高5~16厘米,少数可达30厘米;多分枝或少分枝,上升或斜展,有白色短柔毛。叶通常为4片轮生,倒卵形或窄倒卵形,长2~6毫米,宽1~2毫米,先端形状为钝形或微缺,基部渐窄成1~2毫米长的短柄,全缘,上面无毛,下面疏生柔毛。其花为两性花,辐射对称,形小,无梗,单生于叶腋或茎和枝的上部而集成聚伞花序;萼合生,宿存,萼筒长2~5毫米,有5个萼齿,长0.5~1毫米;有5片粉红色花瓣,瓣形为长披针形或长倒卵形,长3~4毫米,具有长4~6毫米的舌状附属物或爪;6枚雄蕊彼此分离,花丝下部连合;子房上位,1室,多数胚珠,侧膜胎座。蒴果包藏于宿萼内,为卵圆形,长约2毫米,熟时3果瓣裂开;种子为长椭圆形,长0.5~0.7厘米。花果期为5~8月。

瓣鳞花是生长在世界干旱区的物种,属地中海型干旱气候环境中的耐盐植物,通常生长于海拔1200~1450米的河滩、湖边等盐化草甸中,喜生于干旱区内潮湿并轻度盐渍化的土壤上。在我国,目前仅发现于新疆新源县、甘肃民勤县和内蒙古额济旗等古地中海气候的典型区域,这对研究我国干旱区植物区系的起源、迁移和植物地理分区,均有一定的科学意义。瓣鳞花在这些地区,可试验用于改良盐碱地,作牧场的饲草。因该植物极为稀少,植株矮小,无显著的经济意义,很少引人注目,目前尚无保护措施。但鉴于它的科学意义和可能用于改良盐碱土的经济价值,应予以加强保护和扩大繁殖。

龙文小百科 完全花与不完全花

自然界的花是多种多样的,不仅颜色、形状是多种多样的,构造也多有不同。其中花瓣、萼片、雄蕊、雌蕊四个基本部分都有的花叫做完全花,如白菜花、油菜花、桃花、牵牛花等;缺少其中一部分、两部分或三部分的花叫做不完全花,如南瓜花、黄瓜花缺雄蕊或雌蕊、桑树花、栗树花缺花瓣、雄蕊或雌蕊、杨树花、柳树花缺萼片、花瓣、雄蕊或雌蕊。

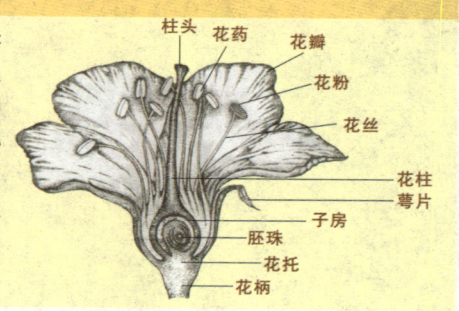

报春苣苔 —— 喜钙草本植物

报春苣苔属苦苣苔科。该科约140属，2000种，分布于热带和亚热带地区。我国有56属，约416种，其中28属为我国特有属，主要分布于长江以南各省。报春苣苔是苦苣苔科多年生喜钙草本植物，因其分布区极窄而被列为第一批国家一级重点保护野生植物。

报春苣苔叶均基生，有柄，叶片为圆卵形，基部为浅心形，边缘为浅裂或浅波状，裂片为三角形，两面被短柔毛，下面还被腺毛；叶柄两侧有波状翅。花葶与叶等长或较叶稍短，被柔毛及腺毛。聚伞花序伞状，有3~7朵花；2片苞，狭卵形，被腺毛；花萼5深裂，裂片披针形，被褐色腺毛；花冠为紫色，高脚碟状，长1~2厘米，被短毛和腺毛，檐部5裂，裂片为圆卵形，稍不等大；能育2雄蕊，着生于花冠筒近基部处，分生，花丝较短；花药间相连接，为长圆形，顶端汇合；具3退化雄蕊；花盘由2近四方形腺体组成；子房为狭卵形，被柔毛，2侧膜胎座，有多数胚珠，花柱短，柱头浅2裂。蒴果为长椭圆球形。种子为暗紫色，有密集小乳头状凸起。花期为8~10月。

报春苣苔生于海拔约300米的石灰岩山洞口附近的植物群落中，该地群落主要由一些喜钙及耐阴湿植物组成，其伴生植物为苔藓。从洞口向里，植物种类越来越少，报春苣苔的数量却越来越多，植株个体越来越小，开花的比例也越来越少。洞口的报春苣苔种群呈均匀分布，深处则呈集聚分布，洞穴壁顶的报春苣苔群落为单一种且呈集聚分布。报春苣苔需要偏碱性的硬质水才能生长，其生存土壤太薄且营养贫乏，因而植物的生长极为缓慢，一般一株的年生长量为30克左右。报春苣苔仅生于弱光环境下，且只在散射光线能到达的地方出现。作为洞穴植物，光源和特殊的大气环境是其生态分布狭窄的主要因素。

↑ 报春苣苔的叶

↑ 报春苣苔植物形态示意图

长白松——树中"美人"

长白松为松科，松属，为长白山"第一奇松"。是我国特有的一个松树品种，是欧洲赤松分布最东的一个地理变种。长白松天然分布区很狭窄，只见于吉林省安图县长白山北坡，散生于二道白河与三道白河沿岸海拔 700～1600 米之间的狭长地段。在海拔 1300 米以上，常与红松、红皮云杉、长白鱼鳞云杉、臭冷杉、黄花落叶松等树种组成混交林。属国家一级重点野生保护植物。

长白松的树高为 25～32 米，树干直径为 25～100 厘米。其寿命很长，在众多长白松中，年龄最大的已有 400 多岁了。长白松的树干笔直修长，树干下部的树皮呈淡黄褐色或暗灰褐色，裂成不规则鳞片，中上部树皮的颜色由淡褐黄色到金黄色，裂成薄鳞片脱落。一年生的树枝为浅褐绿色或淡黄褐色，光洁无毛，三年生的树枝变成灰褐色。主干大约离地 20 米才有分枝，枝干平展，与主干垂直并略向上弯。枝上的针叶粗硬，微扁而扭曲，叶的边缘有细细的锯齿，两面还有气孔线和生在边缘的树脂道，每 2 枚针叶形成一束，基部有叶鞘，而且独特的是它的小分枝和针叶都向上生，针叶又较短，看起来如同人的手指。长白松的外形优美，风姿独特，在山风吹拂之下，松树微微上下摇曳，远远望去，宛如美人优雅地伸展着手臂，故而当地群众送给它一个美丽的称呼——美人松。

→ 如美人般婷婷玉立的长白松

长白松通常在 5～6 月间开花，雌球花呈暗紫红色，幼果为淡褐色，有梗并下垂。球果是锥状卵圆形，长为 4～5 厘米，直径为 3～4.5 厘米，成熟时呈淡褐灰色。种子为长卵圆形或倒卵圆形，微扁，为灰褐色乃至灰黑色，种子有翅。长白松的繁殖能力不是很强，球果在开花后的第二年 8 月中旬才能成熟，每次结出果实需要间隔 3～5 年。这就使它变得越来越珍贵了。

从生物习性上看，长白松喜欢温和而凉爽的气候，而且还需要较大的湿度。它们生长的土壤为形成在火山灰土上的山地、暗棕色森林土及山地棕色针叶森林土，土壤中二氧化硅粉末含量较大，腐殖质含量较少，保水性能低而透水性能强，微呈酸性。长

世界珍稀动植物博览
第2章 植物篇 ZHI WU PIAN

白松为阳性树种，根系深长，可以耐一定干旱，但更具耐寒的特点，在积雪时间较长、无霜期仅90～100天的北国林海中，长白松俨然是严冬中的骄子，尽管大地千里冰封，银装素裹，它却迎风傲雪依然如故。

长白松仅分布于长白山北坡，对研究松属地理分布、种的变异与演化有一定的意义。并且，由于长白松树态美观，还是其产地地区较好的造林树种，又适作城市绿化树。

但由于人们长期以来对自然环境的不良干预，加之长白松本身自然繁育周期较长，使得长白松数量不断减少。随着人们自然保护意识的逐渐加强，长白松已受到人们多方面的保护。

↑ 长白松的针形叶

↑ 迷彩色的长白松树皮

↑ 长白松的球果

龙文小百科　长白山

长白山是我国与五岳齐名、风光秀丽、景色迷人的关东第一山，因其主峰白头山多白色浮石与积雪而得名，海拔2691米，素有"千年积雪万年松，直上人间第一峰"的美誉。长白山位于欧亚大陆东端、吉林省东南部，地处延边朝鲜族自治州和白山地区境内。而在长白山丰富的自然景观中，天池是最具风姿、最为壮丽和最具有神秘色彩的，它是我国最高、最深、最大的火山口湖，湖面海拔2194米，水面面积9.82平方千米，最深处达373米。

长白山是一座天然的大博物馆，稀有生物资源的储藏库，关东三宝——人参、貂皮、乌拉草的盛产地，为地球上很少遭到人类破坏的原始生态保留地，不仅被列入国家级重点保护区，而且被归入联合国教科文组织世界生物圈自然保护网。

↓ 景观独特的长白山天池

125

莼菜——水中一宝

↑ 莼菜多聚生于水中

↓ 莼菜嫩茎和叶背透明的胶状物质

莼菜又名水葵，属睡莲科多年生水生宿根草本植物。莼菜为中国独有植物，是水中一宝，是一种珍贵的植物。多产于江苏的太湖、苏北的高宾湖以及杭州的西湖等地。

它的叶为椭圆形，呈深绿色，浮于水面；嫩茎和叶片的背面有胶状透明物质。夏季时，自叶腋处抽生出花茎，花小，呈紫红色。每逢春夏，人们多采莼菜的嫩叶作为蔬菜，到秋季植株衰老时，叶子小而略带苦味，人们则将其用做猪饲料。

莼菜性喜温暖，适宜在清水池中生长。莼菜营养丰富，含有铁、镁、钙、磷等矿物质及少量维生素等27种微量元素，18种人体所需氨基酸，其中有8种氨基酸是人体必需而又不能自身合成的，营养价值极高，常食具有清热解毒、消疾养血、利水消肿、健胃补脾的功效。其嫩叶可食用，是苏杭一带的一道地方名菜，古人所谓"莼鲈风味"中的"莼"，就是指的这种植物，也可作药用。自晋代以来历朝皇宫御案之贡品，相传为古代神仙所赐，现在人民大会堂国宴中还保留汤菜"鸡丝莼菜汤"。《诗经》、《本草纲目》均有记载：食用莼菜可以消渴熟痹，又可下气目呕，还可以健胃强身。

龙文小百科 什么是植物的花序？

花序是许多花按一定的次序排列在茎轴上的方式。花序最简单的形式是单生花；如有多朵花在花序轴上排列，则花序的类型通常可按以下两种方式划分：

（一）按照结构形式可分为：

总状花序、穗状花序、柔荑花序、伞房花序、头状花序、圆锥花序、伞形花序、聚伞花序。

（二）按照花开放顺序的先后可分为：

1.无限花序（向心花序）：其开花的顺序是由花序轴下部先开，渐及上部，或由边缘开向中心的花序。像总状花序、穗状花序、柔荑花序、伞房花序、圆锥花序、伞形花序和头状花序都为无限花序。

2.有限花序（离心花序）：是指处于花序最顶端或最中心的花先开，渐及下边或周围，像聚伞花序为有限花序。

第2章 世界珍稀动植物博览 植物篇 ZHI WU PIAN

刺桫椤 —— 最古老的蕨类植物

刺桫椤又叫桫椤、树蕨等，为桫椤科多年生木本蕨类植物。刺桫椤是现今仅存的木本蕨类植物，极其珍贵，有"活化石"之称，主要分布于我国南部地区，属国家一级重点保护野生植物。

从外形上看，刺桫椤充分体现了远古时代植物的特征。它的树形与铁树非常相似，茎为柱状，直立，高3~8米，叶柄与叶轴呈深棕色，密生小刺，树龄愈老其小刺愈多。叶较大，叶片长1~3米，三回羽状深裂复叶，顶端渐尖。幼时叶色为绿色，成熟后叶正面为绿色，背面为深绿或灰白色。孢子囊群数多且较小，着生于小

← 刺桫椤的叶

↓ 树冠如伞的刺桫椤

脉分叉点上凸起的囊托上。

刺桫椤多生于溪边林下或草丛中，喜温暖和空气湿度较高的环境。在《中国濒危植物红皮书》中曾记载最高的刺桫椤高达6米，后在福建瓜溪自然保护区中发现了3600多株大大小小的桫椤树，最大的一株高达6.5米。在福建平和县天马山一个叫"高脚寮"的地方也发现了大片野生刺桫椤，那里有近千亩的原始森林，地面植被保护良好。野生刺桫椤就分布在森林中阳光较充足的地方，这些刺桫椤中高的有4米左右，矮的只有十几厘米，密密麻麻遍布在树阴下，并以十几株或成百株构成一个群落。

刺桫椤曾是地球上最繁盛的植物，是古老的孑遗植物，是白垩纪时期遗留下来的珍贵树种，距今约3亿年，比恐龙的出现还早1.5亿多年，而恐龙早已从地球上绝灭了，刺桫椤却作为那一时代的遗老存活了下来。但是经过漫长的地质变迁以及人为破坏，刺桫椤已经变得十分稀有。为了保护这一珍贵树种，人们已建立了多个刺桫椤自然保护区，同时进行生态学、繁殖生物学的研究，以有效地扩大其分布面积、避免其分布区南缩。

翠柏 —— 永恒与高洁的象征

↑ 一株"长相"奇特的翠柏

翠柏属柏科，翠柏属常绿乔木，主要分布于云南中部及西南部，间断分布于贵州、广西及海南的个别地区。由于生于交通方便及村镇附近山坡、山麓的翠柏常被砍伐作木材用或作薪柴，其种群面积已逐渐缩减，属于渐危种。

翠柏通常高为15~30米，胸径达1米；树皮为灰褐色，呈不规则纵裂；小枝互生，幼时为绿色，扁平，排成一平面，直展，叶为鳞形，交互对生，4片成一节，长3~4毫米，中央一对紧贴，先端急尖，侧面的一对折贴着中央之叶的侧边和下部，先端微急尖（幼树之叶呈尾状渐尖）；小枝上面的叶为深绿色，下面的叶具气孔点，被白粉或淡绿色。雌雄同株，球花单生枝顶，着生雌球花的小枝呈圆形或四棱形，长3~17毫米，弯曲或直。球果当年成熟，为长圆形或椭圆状圆柱形，长1~2厘米，直径约5毫米；成熟时为红褐色，具3~4对交互对生的种鳞；种鳞木质，扁平，先端有凸尖，下面1对小且微反曲，上面1对结合而生，仅中部的种鳞各生2粒种子。种子有1个短翅和1个与种鳞近乎等大的翅，种翅膜质。

翠柏分布区为亚热带中部和南部以及热带山地气候区，为中性偏阳树种，幼年耐阴，以后逐渐喜光。耐旱性、耐瘠薄性均较强。翠柏的材质优良，生长快，枝叶茂密而浓绿，可作为分布区内荒山造林树种和城镇绿化与庭园观赏树种。

翠柏属仅有两个古老残遗的种，间断分布于北美与中国，我国台湾还有其变种——台湾翠柏，对研究植物区系有重要价值。

在我国，由于翠柏四季常绿，因此它也被视为永恒与高洁的象征，在烈士陵园中多植有成行的翠柏，以象征他们永恒的革命青春与高尚的革命精神。

→ 翠柏的叶及花芽

第2章 世界珍稀动植物博览
植物篇 ZHI WU PIAN

冬虫夏草——由虫变草的神奇生物

冬虫夏草又叫虫草、夏草冬虫,属子囊菌亚门,麦角菌科,产于中国四川、云南、青海、西藏等地。

其实,虫便是侵害虫草蝠蛾的幼虫,草是一种虫草真菌。野生的冬虫夏草生长在海拔3000～5000米的高山草地灌木带雪线附近的草坡上。其冬虫形如老蚕,表面黄棕色,背部有许多皱纹,腹部有8对足,断面呈白色或略黄,周边为深黄色;其夏草体长约6厘米,直径约3毫米。

侵害虫草蝠蛾将卵产于草丛的花叶上,随叶片落到地面。经过一个月左右的孵化变成幼虫,便钻入潮湿松软的土层。土层里有一种虫草真菌的子囊孢子,它只侵袭那些肥壮、发育良好的幼虫。幼虫受到孢子侵袭后钻向地面浅层,孢子在幼虫体内生长,幼虫的内脏就慢慢消失了,体内变成充满菌丝的一个躯壳,即菌核。每年五月中下旬,当冰山上的冬雪开始融化,气候转暖的时候,侵害虫草蝠蛾的幼虫破土而出,开始活动,在山上的腐殖质中爬行,待头向上爬至虫体直立时,寄生在虫头顶的菌孢开始生长,这种在土内潜伏的虫体或菌核上生出有柄的子座,状如小草,即夏草。菌孢开始生长时虫体即死,菌孢把虫体作为养料,生长迅速,菌孢一天之内即可长至虫体的长度,这时的虫草称为"头草",质量最好;第二天菌孢长至虫体的两倍左右,称为"二草",质量次之;三天以上的菌孢疯长,采之无用。

↑ 这就是冬虫夏草

据现代药理学研究,冬虫夏草含有虫草酸、蛋白质、脂肪等营养成分,其中82.2%为人体不能合成而又必需的不饱和脂肪酸,还含有碳水化合物、游离氨基酸、水解液氨基酸等,其中成年人必需从食物中摄取的8种氨基酸均具备,还有幼儿生长发育所必需的组氨酸。此外,虫草还含有综合维生素B_{12}、麦角脂醇、六碳糖醇、生物碱等。

冬虫夏草干燥的子座和虫体可入药,味甘、性温、气香,入肺肾二经,具有补肺益肾、补筋骨、止咳喘、抗衰老等作用,并对结核菌、肝炎菌等有杀伤力。冬虫夏草传统上既可药用,又可食用,是中外闻名的滋补保健珍品。

↑ 已经干制的冬虫夏草

独叶草 —— 独花独叶一根草

↑ 独叶草仅具一片叶，一朵花。
↓ 独叶草小巧精致的花

↑ 独叶草植物形态示意图

独叶草是毛茛科的一种多年生的草本植物，是我国特有的单种属植物，分布在云南、四川、陕西和甘肃等省。独叶草为我国二级珍稀保护植物。

独叶草为多年生小型草本植物，一般株高10厘米，分地上、地下两部分。地上部分由具叶柄的营养叶和具长柄的单花组成。独叶草通常只生一片具有5个裂片的近圆形的叶子，开一朵淡绿色的花。叶为基生，呈叉指状分裂，叶脉为典型的开放二歧式，这在毛茛科1500多种植物中是独一无二的，是一种原始的脉序。单生的花由花瓣状的萼片、退化的雄蕊、雌蕊和心皮构成，雌蕊的心皮在发育早期是开放的。瘦果狭为倒披针形。

地下部分几乎全生长在土壤表面的腐殖质层中，由根状茎及着生其上的鳞片和不定根系组成，叶和花的长柄就着生在根状茎的节上。独叶草的地上部分"一岁一枯荣"，而地下部分的生命过程却一直要延续多年。每年春季，从根茎的顶芽和侧芽产生新的年苗，进行营养更新，可谓是"春风吹又生"。

独叶草生长在海拔2750～3975米的高山原始森林中，生长环境寒冷、潮湿，十分隐蔽，土壤偏酸性，这是毛茛科植物的生长环境特点。

独叶草自1914年在云南的高山上被发现后，其独特而原始的结构就引起了国内外学者的兴趣，他们认为，对独叶草的研究，可以为整个被子植物的进化提供新的资料。

由于独叶草的生长环境特殊，种子也难以采到，较难开展人工栽培试验。

在繁花似锦、枝繁叶茂的植物世界中，独叶草是最孤独的。论花，它只有一朵，数叶，仅有一片，真是"独花独叶一根草"。

多花蓝果树 —— 园林童话树

多花蓝果树为蓝果树科，蓝果树属落叶乔木。由于入秋后其五彩斑斓的叶片极具观赏价值，被誉为园林中的"童话树"，是近年来引入我国的热门彩叶树种之一。多花蓝果树原产北美，从加拿大到墨西哥湾都有分布，目前在美国南部地区应用较多。按纬度和耐寒性计算，我国北至辽宁南部，南至广东、云南北部都可栽培种植。从目前我国实际的应用情况看，该树种在我国长江流域及以南地区栽种最为适宜，也是该地区宝贵的秋色叶树种。

↑多花蓝果树夏（上）秋（下）的色彩

多花蓝果树树高 9~15 米，直立生长。冠幅 6~10 米，树冠呈圆锥形，随着树龄的增长，树冠逐渐敞开呈卵形。枝条水平生长，树干为红棕色，光滑，第二季变成浅灰色，叶全缘，单叶互生，叶片长 5~13 厘米，宽 2.5~7.5 厘米，呈倒卵形或椭圆形。春季，嫩芽为鲜亮的紫红色；夏季，叶片呈油亮的深绿色；秋季，彩叶更是色彩斑斓，开始变黄、橘黄、橘红，之后为鲜红色，形成秋季一道亮丽的风景线。多花蓝果树每年春天 5 月开花，若光照充足，花期会提前，花小，为白色，略带嫩绿色，雌雄异株。由于花量很大，开花时一树白花，颇为壮观。通常，多花蓝果树的果实在每年的 9~10 月成熟。核果为长椭圆形，长约 13 厘米，由紫变蓝，成熟时变成深褐色，故名蓝果树。果肉甘甜，是鸟儿们最喜欢的食物之一。所以每当果实成熟的时候，总能招来五色斑斓的小鸟栖息其中，谱写一派鸟语花香的诗意。

↓春芽初绽　　→晶莹剔透的多花蓝果树的果实

多花蓝果树喜光照充足、温暖、湿润的气候，在潮湿、排水良好的微酸性或中性土壤中生长良好，在贫瘠干旱、碱性地区则生长缓慢。风大时需要采取防风措施，能耐 –10℃左右的短期低温，抗病虫害能力强，耐二氧化物、氯化物，小树耐阴性较好。

多花蓝果树是世界流行的七大色叶树之一，叶色缤纷是其最大的特点，也因此而成为世界园林造景中一颗璀璨的明星，也是美国的五大遮阴树之一。

此外，多花蓝果树还是优良的、靠近水边生长的乔木树种，其属名——Nyssa即源于希腊神话中水中仙子的名字，以形容它在自然环境中临水而生的美丽景色。在植物种植设计中，环境艺术设计师们通常会充分利用它树体较高、树冠轮廓线条优美、入秋时叶色斑斓的优势，将其作为良好的水边倒影树种种植在岸边，这既显示了景深，增加了水体空间的层次感，又形成自然、亲切的环境气氛。

↑ 美丽的多花蓝果树让街道凭添了许多浪漫、唯美的色彩。

龙文小百科　另一种以水中仙子为名的花

还有一种花，它的花名同样是根据这位水中仙子的本名起的。

根据《外国神话传说大词典》的记载，水中仙子名为纳尔基索斯（Narcissus），他是古希腊神话中一美少年，乃河神克菲索斯与女神勒里奥佩之子。相传，纳尔基索斯出生不久，其母为儿子是否长寿一事询问先知提瑞西阿斯，其答复是：只要他永不了解自己，便可长命百岁。此预言晦涩难懂，无人能获其真谛。纳尔基索斯长大后，英俊潇洒，为众多男女所倾慕。但他对人们的求爱冷若冰霜，无动于衷。女神埃科（Echo：意为回声）钟情于他，却遭到拒绝，使她痛苦不堪，形销骨立，只剩下声音在空中回荡。最后，求爱遭拒绝的女性纷纷要求惩罚纳尔基索斯，司法女神涅墨西斯（Nemesis：意为报应）决定接受请求。一天，纳尔基索斯狩猎归来，途中朝清泉一瞥，即迷上自己的倒影，其目光再也无法离开水面。他对自己的倒影心生爱慕，但每当他用手触摸它时，影像便会破灭。待池水回复平

↑ 英国新古典主义与拉斐尔前派画家沃特豪斯（John William Waterhouse，1849–1917年）笔下唯美的纳尔基索斯和女神埃科。

静时，影像又出现了，纳尔基索斯向它说话，但得不到回答；向它打手势，它只有打相同的手势给他。纳尔基索斯多次尝试触摸那影像，但还是失败了。终于，他因顾影自怜，抑郁而亡。他死后，水边长出一枝花，称为纳尔基索斯花，即水仙花。

凤凰木——木中"火凤凰"

凤凰木又名火树、红楹，属豆科凤凰木属的落叶乔木，是热带观赏花树，原产于非洲，为马达加斯加的国花、国树。我国从很早就开始自非洲引进了这个树种，并深得人们的喜爱，凤凰木是我国广东省汕头、台湾省台南的市花，福建省厦门的市树。野生凤凰树属濒危物种。

凤凰木株高可达20米，树冠宽广，平展成伞形。凤凰木的叶为二回羽状复叶，有10～24对羽片，每一羽片上有20～40对小叶，小叶为长椭圆形。凤凰木夏季开花，为总状花序，花大，为艳丽的红色，每当开花时，满树火红一片，富丽堂皇，在绿叶的映衬下，犹如蝴蝶飞舞其上。因"叶如飞凤之羽，花若丹凤之冠"而得名凤凰木。

凤凰木在开花后结出一条条长形荚果，扁平略弯，如日本武士刀般，长可达50厘米。成熟后呈深褐色，木质化，内藏40~50粒细小的种子，平均每颗种子重量为0.4克。种皮有斑纹，有毒，不可误食。

和许多豆科植物一样，凤凰木的根部有根瘤菌，为了适应多雨潮湿的气候，树干基部长有板根。

凤凰木由于生长速度较快、树冠横展而下垂、浓密阔大而招风，在热带地区担任遮阴树的角色，但正是因为凤凰木的这些特点，它在澳大利亚被当作侵入品种，部分原因是其阔大的树冠及浓密的树根会阻碍当地其他一些品种的生长。

↑凤凰木艳丽的红花

↑凤凰木荚果内的种子

↑凤凰木长长的荚果

珙桐——鸽子树

↑ 珙桐开满漂亮的"鸽子"花

珙桐又名水梨子、鸽子树，属珙桐科落叶乔木，是世界珍稀、古老的孑遗植物，属我国一级重点保护野生植物。

珙桐的叶互生，呈宽卵形，先端渐尖，基部为心形，有锯齿。花为杂性花，由多数雄花和一朵两性花组成球形头状花序，花序的基部有两片乳白色的大型苞片，苞片为矩圆形或卵形。珙桐的花期为4~5月，而每年的花期也是珙桐最漂亮的时候。珙桐的花形酷似鸽子展翅，白色的大苞片似鸽子的翅膀，暗红色的头状花序如鸽子的头部，黄绿色的柱头像鸽子的嘴喙，盛开时犹如满树群鸽栖息，被世人誉为"中国鸽子树"。

↑ 珙桐美丽的花朵，宛若静静伫立的白鸽。

珙桐目前的数量已经很稀少，但在大约100万年前，地球上植被十分丰富，珙桐及其家族曾繁盛一时，随着第四纪冰川的侵袭，许多植物惨遭灭绝，珙桐也是在这个时候失去了它的繁盛时期。但幸运的是，珙桐并没有就此灭绝。

珙桐自古以来就受到人们的喜爱，民间流传着很多关于珙桐的传说，人们也经常赋予珙桐各种人的品性。据说在很久很久以前，有一个国家的君主只有一个独生女儿，名叫白鸽公主，君主对她爱如掌上明珠。这位公主品味出奇，不爱金银珠玉，也不嫁王侯公卿，却十分爱好骑射。

一天，公主在森林中打猎，被一条狠毒的蟒蛇死死缠住。正在危急关头，一位名叫珙桐的青年猎手，用刀斩断蟒蛇，挽救了公主的性命。公主十分敬慕珙桐的机智和勇敢。二人一见钟情，山盟海誓，公主取下头上的玉钗，从中间折断，彼此各执一半作为信物。

世界珍稀动植物博览
植物篇 ZHI WU PIAN

公主回宫后，将来龙去脉告诉父王，并恳请父王将自己许配给珙桐。不料此事遭到父王的坚决反对，他连夜派遣侍卫将珙桐射死在深山老林。白鸽公主知道后，痛不欲生。在一个雷雨交加的夜晚，她卸去华美的宫妆，穿上洁白的衣裙，逃出了高墙深院的王宫，来到珙桐遇难的地方，放声大哭。一直哭得泪珠成血，染红了洁白的素装。忽然，又是一阵雷声大作，暴雨倾盆，一棵小树破土而出，恰像竖立着的半截玉钗，转瞬间，长成了参天大树。公主情不自禁地伸开双臂扑向大树。霎时间，大雨停了，雷声息了，哭声也止了，只见数不尽的洁白的花朵挂满了大树的枝头，花朵的形状宛如活泼可爱的小白鸽。听者无不为这段凄美的爱情故事而感伤。后来，人们就把这种树称作珙桐，以纪念这对忠贞不渝的恋人。

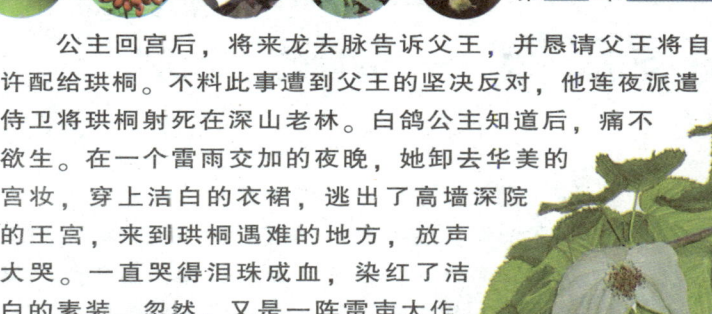

↑ 珙桐的果实（左为尚未成熟的果实，右为冬季里成熟的果实）

关于珙桐的传说还不止这一个。据说，汉代王昭君出塞以后，嫁给匈奴的呼韩邪单于。她日夜思念故乡，写下了一封家书，托白鸽为她送去。白鸽不停地飞翔，越过了千山万水，终于在一个寒冷的夜晚飞到了昭君故里附近的万朝山下。由于长途飞行，白鸽已经精疲力竭，便在一棵大珙桐树上停下来休息。天亮时，白鸽被冻僵在枝头，化成了美丽洁白的花朵。

不止是民间传说，历代文人也曾竞相歌咏这个美丽的树种，钱坚的《珙桐花》里有对四川珙桐花的生动描述，即"双瓣如合掌，对开若破瓜。惟希争雪白，不欲以香夸。"

珙桐具有一定的经济价值和观赏价值。它常被植于池畔、溪旁及各种场所中以美化环境；由于鸽子是和平的象征，而珙桐又名为鸽子树，所以它也经常被看做是具有和平意义的树种。另外，珙桐的材质沉重，是建筑的上等用材，可制作家具和做雕刻材料。当然，人们也不应该因为珙桐的巨大的经济价值就盲目对其进行砍伐，只有在充分保护下的合理利用才是明智的。

海南罗汉松——濒危的"罗汉"

↑ 苍翠的海南罗汉松

← 海南罗汉松的叶及种子

海南罗汉松,属罗汉松科,是渐危种,为我国海南省特有种,对研究海南植物区系和保护物种有一定的意义。但是,由于多年来过度的开发利用,目前仅在南部尚未开发的天然林中有少量分布,资源很少。

海南罗汉松是一种高大的树种,成年的罗汉松高达16米左右,胸径60厘米,海南罗汉松的叶呈线形、披针形、椭圆形或鳞形,呈螺旋状排列,近对生或对生,有时基部扭转排成两列。海南罗汉松是雌雄异株的树种,雄球花为穗状或有分枝,为单生或簇生叶腋,稀顶生,具多数雄蕊,每雄蕊具2花药,花粉常具两大而较薄的气囊,稀具3~4个气囊,外壁有细颗粒状纹理;雌球花通常为单生叶腋或苞腋,稀顶生,有梗或无梗,有数枚螺旋状着生或交互对生的苞片,最上部的苞腋有1枚倒生胚珠,套被与珠被合生花后套被增厚成肉质假种皮,苞片发育成肥厚或稍肥厚的肉质种托,或苞片不增厚。种子为椭圆形,核果状,下部有肥厚、肉质、暗红色的种托。海南罗汉松的花期为3~4月,种子成熟期为9~10月。

罗汉松零星分布于海南省南部海拔600~1600米的山坡或山脊林中,那里地处热带,气温较高,有明显的旱期。

此外,海南罗汉松可谓全身都是宝,是重要的经济树种,其木材材质细致均匀,纹理直,有光泽,硬度适中,干后不裂,易加工,耐腐力强,可用于制作乐器、文具、雕刻、农具、家具、桥梁、船舰等;它的枝叶含有丰富的维生素,树皮含鞣质、树脂及挥发油。

第2章

海椰子——"爱情之果"

← 形态奇特的海椰子，图左即母椰子，图右即公椰子，形态很神奇吧？

海椰子属于棕榈科植物，只分布在非洲塞舍尔群岛的普勒斯兰岛和居里耶于斯岛上，被塞舍尔人视为国宝。

海椰子树高 20~30 米；树叶呈扇形，宽约 2 米，长可达 7 米，最大的叶子面积可达 27 平方米，活像大象的两只大耳朵。由于整株树庞大无比，所以，人们称它为"树中之象"。海椰子树最令人称奇的是它那硕大的果实，宽 35~50 厘米，外面长有一层海绵状的纤维质外壳，剥开外壳后就是坚果。海椰子的一个果实就重达 25 千克，其中的坚果重约 15 千克，是世界上最大的坚果，被称为"最重量级椰子"。

海椰子树分为雌雄两种，而且特征明显。雄树高大，雌树娇小，生长速度都极为缓慢，从幼株到成年需要 25 年的时间。雄树每次只开一朵花，花长一米多，其外形酷似男子的生殖器。雌树的花朵要在受粉 2 年后才能结出小果实，这种果实就是人们所谓的母椰子，其外形酷似女性的下体。海椰子的果实成熟要等七八年的时间。一棵海椰子树的寿命长达千余年，可连续结果 850 多年。最神奇的是，这种树的雌雄双株总是相依而生，树的根系在地下紧紧缠绕在一起，如果其中一棵树早夭，另一棵也会"殉情"而死，"感情"甚笃。

海椰子的坚果是合生在一起的两瓣椰子，因此，塞舌尔人将其誉为"爱情之果"。海椰子果皮内的果汁稠浓至胶状，味道香醇，可食用也可酿酒，果肉熬汤服用，还可治疗久咳不止，并有止血功效。其椰壳经雕刻镶嵌，可作装饰品。

海椰子虽然如其他椰子一样可以在海上漂浮，随海水远走他乡，却不能在海滩上生长。因此，海椰子目前只在塞舌尔有出产，加上它生长得十分缓慢，百年才能长成，果实要七八年才能成熟，就显得越发珍贵了。其主产地被塞舌尔政府划为"天然保护地"，海椰子树得到当地政府和人士的精心呵护。海椰子不仅一颗售价就高达几百美元，还必须经政府批准才能够携带出境。

鹤望兰——人间"天堂鸟"

→ 人间「天堂鸟」

鹤望兰又名天堂鸟花、极乐鸟花，为旅人蕉科鹤望兰属植物，原产地为非洲，其美丽的花形令人瞠目，是世界著名的观赏花卉。

鹤望兰为多年生草本植物，四季常青。其肉质根粗壮，茎不明显。叶大似芭蕉，对生两侧排列，有长柄，花茎顶生或生于叶腋间，高于叶片，花形独特，橙黄的花萼、深蓝的花瓣、洁白的柱头、紫红的总苞，整个花序宛似群鹤翘首，而且花期长达100天以上。鹤望兰是一种喜光植物，如生长过密或阳光不足，都将直接影响叶片的生长和花朵的色彩。

鹤望兰为大型盆栽观赏植物，成型的盆栽植株一次能开数十朵花，漂亮的花与叶充分展示了热带植物的特点。它与旅人蕉、红花蕉等花卉共同构成典型的热带自然景观。美国、德国、意大利、荷兰和菲律宾等国都盛产鹤望兰。

↑ 鹤望兰的种子

虽然国外的花卉产业非常成熟，但鹤望兰的生产数量并不大。这主要是因为鹤望兰为典型的鸟媒植物，原产地靠体长仅5厘米左右的蜂鸟传粉，一般需人工授粉后才能正常结实，而且发芽率低，往往要在幼苗定植3年以上、共生长过90多片叶子后才能开花。

人们对鹤望兰还寄予了很多美好的含义。在非洲，它被视为自由、吉祥、幸福的象征。花名的来历还有一段故事：18世纪英皇乔治二世钟爱的皇后夏洛蒂因为喜欢这种花，认为它的花形特别像鸟冠和鸟嘴，而她所出生的故乡原名又叫天堂鸟村，所以她就给这种花赐名叫天堂鸟。从此这个以动物命名的花中新秀就名扬天下了。传入我国时，园艺专家觉得它更像伸颈远望的仙鹤，便给它起了个极富诗意的名字——鹤望兰。1984年第23届奥运会在美国洛杉矶举行，大会宣布谁能获得金牌，就献给谁一枝鹤望兰，由此它又被人们誉为"胜利者之花"。

← 在自然条件下，鹤望兰就是靠这种小小的蜂鸟传粉。

红椿——速生的木中"贵族"

红椿又名红楝子,属楝科落叶或近常绿乔木,是名贵的木材,分布虽然较广,但多是零星分布。由于过度砍伐,红椿已日益减少,若不加以保护,将陷于濒临灭绝的境地,属于渐危种。

红椿的高度通常可以达到 35 米左右,胸径约 1 米;树皮为灰褐色,纹路呈鳞片状纵裂;嫩枝初被柔毛,之后变为无毛。叶为羽状复叶,长 25~40 厘米,叶柄长 6~10 厘米;有 7~14 对小叶,纸质,小叶为椭圆状卵形或卵状披针形,长 8~12 厘米,宽 2.5~4 厘米,先端渐尖,基部稍偏斜,全缘,上面无毛,下面仅脉腋有束毛。圆锥花序顶生,与叶子近乎等长或较之稍短;花为两性,白色,有香气,具短梗;花萼短,裂片为卵圆形;花瓣为 5 片,长圆形,长 4~5 毫米;雄蕊 5 个,花丝无毛,花药比花丝短;子房 5 室,每室 8~10 个胚珠,子房和花柱密被粗毛,柱头无毛。3~6 月开花,果实 10~12 月成熟。蒴果为长椭圆形,长 2.5~3.5 厘米,直径 8~10 毫米,果皮厚,木质,干时为褐色,皮孔明显;种子两端具膜质翅,翅为长圆状卵形,长约 1.5 厘米,先端钝或尖锐,通常上翅比下翅长。

红椿主要分布于低山缓坡谷地阔叶林中或中山地带。分布区的气候温暖湿润,年均气温 15~22℃,极端最低温 -12~-3℃,年降水量 1250~1750 毫米,相对湿度 80%。本种萌芽更新能力较强,在空地或疏林下,特别是火烧迹地或退耕地,天然下种更新效果很好,但在密林下或背阴地更新困难。

红椿是我国热带、亚热带地区的珍贵速生用材树种,材色为红褐色,花纹美丽,质地坚韧,最适宜制作高级家具。

↑ 红椿笔直挺拔

↑ 红椿的叶为对生

↑ 红椿的种子

← 红椿的果实

红杉——千年寿星树

红杉属松科落叶乔木。在我国，主要产于甘肃南部、四川岷江流域和雅砻江流域、云南西北部丽江一带的高山地区。

红杉树形高大，株高可达50米。小枝下垂，枝为褐色，有光泽，无毛。叶片为线形，长1～3.5厘米，上面中脉隆起。球果为紫色，呈卵圆形，长3～5.5厘米。

红杉喜光，生长速度很快，常可组成纯粹的红杉林。

红杉可以算是树中的寿星和大个子了，一般可活千年之久，平均寿命为800年左右。红杉的词源在英文中便具有永久长存之意，不但在美洲，而且在世界上也属于珍贵树种。据载，目前北美最长寿的一棵红杉寿命已达2000多年，仍然枝叶繁茂。相关资料显示，世界上最高的红杉名叫"同温层巨人"，树高达113米，大约需要20个人才可以合抱这株树。高出地面40米的第一枝树杈的直径都有2米，它的总重量约2000吨，估计可以盖40栋中等住宅。如果用它的木料做一个特大的木箱，足可以装下当今世界上最大的远洋客轮。据报道，2007年，美国研究人员在加利福尼亚州北部一棵已被确认为世界最高树的红杉附近发现了3棵更高的红杉，其中最高的一棵被命名为"亥伯龙神"，经初步测量高达115.2米，它将成为新的世界最高树。

另外，红杉的种子也体现出了巨大力量，比如红杉长到20年树龄时，就能结出含有成熟种子的像葡萄大小的球果，其中的种子犹如芝麻。但这么小的种子竟能长出参天的大树，迄今在科学上仍是一个不解之谜。有人说，这是因为其细胞有66对染色体，而同科的其他树种只有22对染色体之故，但这一猜测还有待研究。不管怎样，当今世界上再没有哪种树能长得比红杉更高了。

↑美国红杉国家森林公园内的巨型红杉

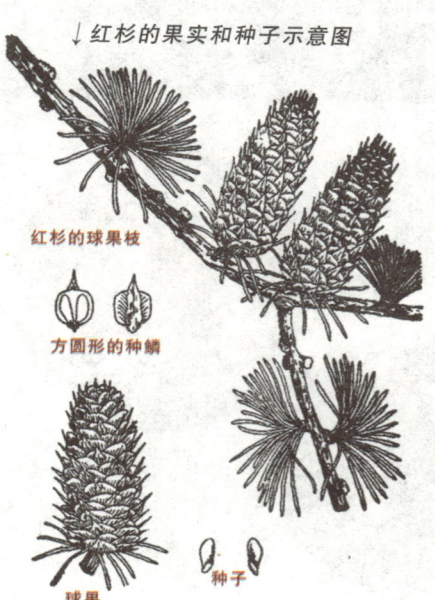

↓红杉的果实和种子示意图

红杉的球果枝

方圆形的种鳞

球果　种子

那么，红杉为什么能有这么持久的生命力呢？

红杉之所以长寿，其重要的原因是由于其树皮与树干中均含丰富的单宁酸及类似的化学物质，这使得它具有极强的抗病虫害的能力。同时，由于其树皮厚达30厘米，且不含树脂，无论是有计划地烧除林中杂草，还是森林火灾，它都不会被火烧毁。此外，红杉的长寿还与其独特的繁衍后代的方式有关——除了可用种子繁殖外，红杉也可采用组织培养或母株部分树体进行分蘖繁殖，而且往往一株被砍伐后的树的根部也会长出新芽而成长为大树，有时被风吹倒的树从土中拔出的母根也能成长为新树。因此，它与那些单靠种子繁殖的树种相比，具有更强的竞争优势。

红杉对生存条件的要求非常苛刻，以至于它们的数量在不断地减少。在1.4亿年前，红杉曾遍布于北美大陆大部分地区，后来由于气候的变化，这一树种的分布范围越来越小。目前，只分布于从俄勒冈州西南部到加利福尼亚州的蒙特雷的太平洋沿岸约500千米多雾的狭长地带。在多雾的环境及潮湿的地方，幼树一年可长高60～90厘米。北加利福尼亚州的气候也正好满足了它的生长条件，因为北加利福尼亚州雨量充沛（年降雨量在2000～3000毫米），而且受太平洋洋流的影响，特别是夏天沿海一带经常出现浓雾，这就为红杉维持必要的湿度和生长环境提供了良好的条件。

红杉的材质优良，坚固而耐久，是建筑用最理想的木材。但在美国已被列为濒危树种，绝对禁止采伐，即使是私人林地的采伐，也有极严格的限制。美国现已划定了红杉国家森林公园用来保护这种树木。1980年，联合国教科文组织将美国红杉国家森林公园列为世界珍贵自然遗产。那里夏季温暖湿润，冬季寒冷但降雨充足，很适宜红杉生存，成为红杉真正的乐园。

↓红杉的乐园

猴面包树——最粗、最长寿的树木

↑ 世界上最粗的树木——猴面包树

↑ 这就是那棵吉尼斯世界纪录上的冠军猴面包树。

猴面包树又称"猢狲木",是常绿乔木,属木棉科。猴面包树是生长在非洲热带草原上的一个树种,其果实大如足球、甘甜多汁,果实成熟时,就会有成群结队的猴子爬上树去摘果子吃,所以得名猴面包树。

猴面包树具掌状复叶,花大,呈白色,雌雄同株,雌花集成球形,雄花集成穗状。在它的枝条上、树干上直到根部,都能结果。每个果实都是由一个花序形成的聚花果;果皮为木质,长椭圆形,长10~30厘米,可作水瓢或用于盛酒等。果肉充实,味道香甜,营养很丰富,含有大量的淀粉和丰富的维生素A和维生素B及少量的蛋白质和脂肪。

面包树的外表曾被人们生动地描绘过,19世纪一位博物学家是这样描写它的:"由于树干膨大,当它落叶后光秃而憔悴地立在那里,仿佛中风病人伸展开臃肿的手指。"

猴面包树树干较短,但树干直径近十米,最粗的树干基部圆周可达50米左右,是世界上最粗的树木。据《吉尼斯世界纪录大全》记载,在世界最粗树的排名榜上,一株树干直径达12米的猴面包树高居首位。

猴面包树和其他的非洲植物一样,具有顽强的生命力。在非洲大陆的热带地区,有广阔的稀树草原。那里每年的旱季长达几个月,不但降雨稀少,而且炎热的天气使地面的水分大量蒸发。面对水的匮乏,许多植物在草原上踪迹全无,就连雨季时苗壮生长的绿草也纷纷枯黄了。但偶尔出现的猴面包树,却无视干旱的威胁,将自己肥胖的身躯几百年甚至上千年地暴露在烈日之下,成为世界上特有的植物奇观。那么,是什么力量使得猴面包树有如此强的抗旱能力呢?

第 2 章　世界珍稀动植物博览
植物篇 ZHI WU PIAN

↑ 猴面包树美味的果实（右为剖面图）

　　原来，猴面包树的木材非常轻软，而且好像海绵似的充满了孔隙。这种木材结构虽然使猴面包树无缘进入优良木材行列，却为自己的生存创造了条件。雨季到来后，猴面包树便拼命"喝水"，将自己肥硕的躯干灌得满满的，就像吸足了水的海绵，以便在漫长的旱季有足够的水分储备。猴面包树树干越粗，贮水就越多，抗旱能力也就越强。

　　猴面包树或许是世界上最为长寿的树种了。200多年前，当法国植物学家阿当松深入到神秘莫测的非洲大陆腹地探险考察时，就被这种不怕干旱、异常粗壮的树所深深吸引。据他的调查和推测，最"长寿"的猴面包树的树干粗可达25米，寿命在5500年以上。

↑ 猴面包树美丽的白花

　　猴面包树是热带非洲草原上的一道独特的风景，也为其他生物的生存带来充足的水源。猴面包树在干旱地区的驻足，为当地居民带来了生机——它不仅在旱季能供给人们生命之水，而且一些粗壮的老树还被挖空树心作为人类的贮水池或粮食仓库。另外，猴面包树的鲜嫩树叶是当地人十分喜爱的蔬菜，种子能炒食，果肉可食用或制成饮料。它除了可食用外，还有非常巨大的经济价值，它的树叶和树皮可以制成特效消炎退烧药，树皮纤维可制绳索、渔网，甚至织成土布，此外它还是供动物们栖息、嬉戏的乐园。

↓ 大片的猴面包树是马达加斯加的独特景观。

华盖木——季风气候区的珍稀树种

↑ 华盖木开出的美丽白花

华盖木为我国特有的单种属植物，是木兰科木兰亚科顶生花木兰族中的原始类群，目前仅见于云南西畴法斗，对木兰科分类系统和古植物学区系等的研究有学术价值。

华盖木属于常绿大乔木，树干挺拔通直，高可达40米，胸径可达1米以上，全株各部无毛；树皮为灰白色；枝为绿色。叶为革质，长圆状倒卵形或长圆状椭圆形，长15~26厘米，宽5~8厘米，先端急尖，尖头钝，基部楔形，上面为深绿色，侧脉有13~16对；叶柄长1.5~2厘米，无托叶痕。花芳香，花被片肉质，有9~11枚，外轮3，片长圆形，外面为深红色，内面为白色，长8~10厘米，内轮2片，为白色，渐狭小，基部具爪；雄蕊约65枚，花药内向纵裂；雌蕊群长卵圆形，具短柄，有13~16枚心皮，每心皮具胚珠3~5枚。聚合果为倒卵圆形或椭圆形，长5~8.5厘米，直径3.5~6.5厘米，具稀疏皮孔；呈厚木质，长圆状椭圆形或长圆状倒卵圆形，长2.5~5厘米，顶端浅裂；每果内含1~3粒种子，外种皮为红色。

↑ 如果人们不注意对环境的保护，尤其是对珍稀物种的研究与保护，不久的将来，我们或许就只能从画面上欣赏这种美丽而高雅的植物了。

华盖木生长于云南亚热带季风气候区的潮湿山地中，那里四季不明显，但干湿季分明，雾期长。天然的自然环境造就了华盖木木材结构细致，有丝绢般的光泽，耐腐、抗虫。但因历年砍伐利用，现存野生华盖木的数量已极少。由于其花芳香，开放时常被昆虫咬食雌蕊群，故成熟种子甚少，即使种子成熟，亦由于外种皮含油量高，也不易发芽，而影响了其天然更新。若产地森林继续遭到破坏，或残存植株被砍伐，这一珍稀的树种就有绝灭的危险。

黄檗——金发姑娘

黄檗也称黄柏、檗木,属芸香科落叶乔木,是中国长白山及小兴安岭林区的主要阔叶树种之一,在朝鲜半岛、日本、俄罗斯、太平洋沿岸地区也有分布。

黄檗树高15~22米,胸径可达1米;树皮厚,呈灰褐色至黑灰色,深纵裂,木栓层发达,柔软,内皮为鲜黄色;小枝为橙黄色或淡黄灰色,有明显的心形大叶痕;裸芽生于叶痕内,黄褐色,被短柔毛。奇数羽状复叶,对生或近互生;小叶为5~15片,为卵状披针形或卵形,长5~11厘米,宽2~4厘米,先端长渐尖,基部为圆楔形,通常歪斜,下面主脉或主脉基部两侧生有白色软毛,边缘微波状或具不明显的锯齿,齿间有黄色透明的油腺点。花为单性,雌雄异株,顶生聚伞状圆锥花序;夏季开花,盛花期在5~6月,花小,为黄绿色,萼片有5个,卵形,长12毫米,花瓣为5个,长圆形,长3毫米;雄花的雄蕊有5个,与花瓣互生,较花瓣约长1倍,退化子房小;雌花的雄蕊退化成小鳞片状,子房为倒卵圆形,有短柄,5室,每室有1胚珠。浆果状核果近球形,成熟时为黑色,揉碎后发出类似松节油的味道;种子2~5粒,为半卵形,带黑色,果熟期为9~10月。

黄檗主要分布于寒温带针叶林区和温带针阔叶混交林区,那里属湿润型季风气候,冬季漫长而寒冷,夏季较热而降水丰沛。黄檗为阳性树种,根系发达,萌发能力较强。对土壤适应性较强,适生于土层深厚、湿润、通气良好的、含腐殖质丰富的中性或微酸性土壤。在河谷两侧的冲积土上生长最好,在沼泽地、黏土上和瘠薄的土地上生长不良。

黄檗木材纹理美观,切面有光泽,材质坚韧,耐水湿及耐腐性强,多用来制造枪托;树皮木栓可作软木塞、浮标、救生圈或用于隔音、隔热、防震等;内皮可作染料及药用;叶可提取芳香油;花是很好的蜜源;果实含有甘露醇及不挥发的油分,可供工业及医药用。

黄檗为古老的孑遗植物,对研究古代植物区系、古地理及第四纪冰期气候有科学价值。

↑ 黄檗的树形十分美丽,可作为观赏植物。

↑ 黄檗黄绿色的小花

↑ 黄檗簇生的果实

箭毒树——世界上最毒的树

↑ 树形高大的箭毒树
↓ 箭毒树的枝叶

箭毒树也称箭毒木、大药树、见血封喉，为桑科见血封喉属植物，产于我国广西、海南岛和云南南部的热带森林中，在印度和印度尼西亚也有分布，被称为是世界上最毒的树，但现在存活数量已极少，被列为国家三级重点保护野生植物。

箭毒树是一种树形高大的落叶乔木，树体有白浆。树皮厚。茎杆基部生有从树干各侧向四周生长的板状根。叶互生，呈卵状椭圆形。春夏之际开花，花为单性，雌雄异株。秋季结果，果实为肉质，果皮与梨形总苞黏合，成熟时变为紫红色。

箭毒树树体中白浆的毒性很强，古代人很早就知道了这种白浆的毒性，所以，常用这种汁液与其他毒药掺合涂抹在箭头上，用以狩猎，被射中的大型动物，无论伤势轻重，都会立刻倒地死去。云南傣族的猎手称箭毒树为"光三水"，在土话里即为跳三下便会死去的意思。

那么，是什么使这种植物具有如此大的毒性呢？原来，这种植物的汁液中含有弩箭子甙、见血封喉甙、铃兰毒甙、铃兰毒醇甙、伊夫草甙、马来欧甙等多种有毒物质，当这些毒汁由伤口进入人体时，就会引起肌肉松弛、血液凝固、心脏跳动减缓，最后导致心跳停止而死亡。如果汁液溅至眼睛里，眼睛马上也会失明。

箭毒树的毒性虽然很大，但是也有一定的实用价值。医药专家把汁液中的有效成分提取出来，用来治疗高血压、心脏病等疾病。傣族妇女还用这种毒汁来治疗乳腺炎，目前更多的药用价值还在进一步的研究中。

此外，箭毒树材质很轻，可用做纤维原料或代替软木用。当地人过去常剥取箭毒树的树皮取出纤维，制成树毯、褥垫等，不仅舒适而且耐用，用上几十年也没问题；在云南，当地人还将这种纤维染成各种颜色制成服装，既轻柔又保暖，但现在已经很少有人穿这种衣服了，只有基诺族人在盛大节日时，才会把它穿上。

箭毒树虽然具有很强的毒性，但目前野生的箭毒树已经很少见了，所以一旦发现就应该重点保护起来。

金花茶——"茶中皇后"

金花茶为山茶科、山茶属植物，与茶、山茶、南山茶、油菜、茶梅等是孪生姐妹。金花茶的自然分布区很小，仅限于我国广西南宁地区。金花茶为国家一级重点保护野生植物。

金花茶是山茶科的常绿小乔木，它的花非常美丽，被誉为"茶中皇后"，这主要是由于它们的姿容甲天下。每年11月至翌年2月，当金花茶盛开的时候，靓丽的黄花点缀在琼枝玉叶之间，金瓣玉蕊，晶莹无瑕，半透明蜡质感，一尘不染。朵朵茶花温柔文雅，十分秀丽。微风吹来，清香流淌，风姿绰约，高贵雍容之神韵无与伦比。目前世界上几千个茶花品种中，还没有这种金黄色的品种，所以更为国内外园艺工作者所瞩目。在自然情况下，金花茶为深根性植物，侧根少。

金花茶一般生长在低缓丘陵地区、阴坡溪沟处，要求土壤疏松、排水良好的酸性土壤。金花茶喜温暖湿润的气候，仅分布于广西南部的常绿阔叶林中，因此广西被称为"金花茶的故乡"。

↑ 含苞待放的金花茶异常美丽
↓ 晶莹剔透的蜡质感金花茶美轮美奂

金花茶不仅外表漂亮，而且还是著名的经济茶种。金花茶的嫩叶可制茶，老叶煎服还有医治痢疾的作用，外用清洗伤口有消炎、止血、杀菌的功效，种子可榨油，花可用来作为食品的天然色素。

1960年，我国植物学工作者第一次在广西邕宁县发现这种稀有的观赏植物。金花茶的发现轰动了全世界的园艺界，受到了国内外园艺学家的高度重视，认为它是培育金黄色山茶花品种的优良原始材料。

金花茶是一种古老植物，由于其结果率极低，世界稀有，故又被称之为植物界的"大熊猫"，随着人们对森林的砍伐及大量野生苗木的采挖，野生金花茶资源已受到严重破坏，种群数量也正在逐年减少。鉴于此，1996年广西壮族自治区防城建立了金花茶国家自然保护区，对金花茶进行重点管护。

为了使这一国宝级植物繁衍生息，我国科学工作者正在进行杂交选育试验，以培育出更加优良的品种。近年来，已经成功运用种子育苗及嫁接等方法进行扩大繁殖，在广西南宁、云南昆明等地，均已初步引种成功。

金钱槭——果实奇特的野生植物

↑ 阳光下摇曳多姿的金钱槭

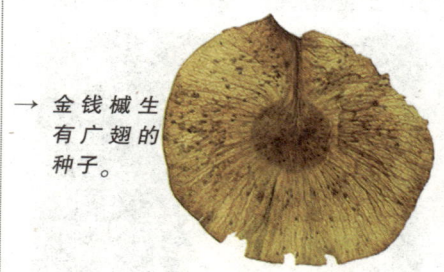

→ 金钱槭生有广翅的种子。

↑ 金钱槭植物形态示意图

金钱槭属槭树科，槭树属植物，为中国特有的单种属植物，产于四川、重庆、湖北、陕西、河南等地，为国家二级重点保护野生植物。

金钱槭为落叶小乔木，株高5~15米，树皮呈暗褐色，有浅纵裂。叶对生，为奇数羽状复叶，小叶为纸质，为长卵形或长矩圆状披针形，边缘具稀疏的钝锯齿，通常为7~11枚。初夏开花，花为白色，雌雄同株，圆锥花序顶生或腋生。果实分为两个小坚果，每个周围都生有广翅，成熟时为淡黄色，形如钱，故称"金钱槭"。

金钱槭多分布在夏热冬冷、秋季多雨、湿度大的地区，适宜生长于弱光的环境中。金钱槭在阐明某些类群的起源和进化、研究植物区系与地理分布等方面，都有重要参考价值。另外，金钱槭的商业价值也是不可忽视的，金钱槭树姿优美，翅果为圆形，入夏时的绿叶红果，如同一串串小铜钱，微风吹拂，沙沙作响，别有一番情趣，是一种颇有观赏价值的园林植物。金钱槭的种子富含脂肪，可供榨油食用及工业用。

由于多年来人们对环境的过度利用，尤其是破坏性的利用，已使很多生物资源或消失殆尽，或处于绝灭的边缘，金钱槭也不例外，由于林木乱砍滥伐，致使野生金钱槭成年植株极为稀少，加上天然更新能力较弱，幼树很少，金钱槭已经成为濒临灭绝的树种，有鉴于此，人们开始重视和保护它，在金钱槭分布区内已建立了自然保护区，将金钱槭列为保护对象，并且产区林业部门及有关科研单位也已积极进行人工繁育试验。

     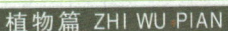

冷杉——傲骨嶙峋的常绿乔木

冷杉属古老的裸子植物松科中的一个属——冷杉属，它的家族成员在全世界有 50 多个，已知中国原产的冷杉属植物有 19 种及 3 个变种。在我国，冷杉主要分布于东北、华北、西北、西南及台湾的高山地区，1987 年，国际物种保护委员会（SSC)将冷杉列入世界最濒危的 12 种植物之一。

冷杉是一种高大的常绿乔木，树冠为尖塔形。树皮为深灰色，有不规则薄片状裂纹。小枝平滑，呈淡褐黄、淡灰黄色，有圆形叶痕；叶为线形，扁平，上面中脉凹下，叶长 1.5~3.0 厘米，宽 2.0~2.5 厘米，先端微凹或钝，叶缘反卷或微反卷；球果单生于叶腋，较大，直立，呈圆柱状卵形或圆柱形，熟时为暗蓝黑色，略有白粉状物覆盖，有短梗；种鳞为木质，成熟时脱落。

冷杉耐阴性强，耐寒，喜凉润气候。常组成大面积单纯林或混交林。

冷杉很珍贵，在冷杉的众多亚种中最珍贵的就是百山祖冷杉了。1976 年定名发表的百山祖冷杉，是我国浙江省百山祖自然保护区的特有植物，生长在号称浙江第二高峰的百山祖主峰西南侧 1700 米的山谷中。目前自然生长的这种冷杉不超过 5 株。由于种种原因，这种冷杉的自然繁殖十分困难，常规人工无性繁殖也困难，濒临灭绝境地。

那么，人们不禁要问，是什么原因使得冷杉变得如此珍贵和稀少了呢？原来，冷杉多分布于寒冷湿润的高纬度高海拔地带，第四纪冰川时期，全球气温下降又回升，冷杉的分布趋向低纬度。由于现在地球的逐渐变暖，冷杉不能适应环境的变化，所以就变得越来越稀有了。

冷杉有重要的学术价值，比如百山祖冷杉是我国特有的古老残遗植物，是苏、浙、皖、闽等省唯一遗存至今的冷杉属物种，对研究植物区系和气候变迁等方面有较重要的学术意义。

↑ 百山祖冷杉的球果

↓ 冷杉是一种裸子植物。

连香树——古老的家族

连香树也称山白果，属连香树科落叶大乔木，主要分布于我国北部、中部和东南部地区，是一种古老而稀有的珍贵树种，为国家二级保护树种。

连香树树形高大，株高可达 20~40 米，胸径约 1 米。树皮为灰色或棕灰色，树皮上有纵裂，呈薄片剥落；有长枝和矩状短枝，长枝较细，短枝生长于长枝

↑ 有着又直又高树干的连香树

↑ 连香树的叶

的叶腋，无毛；叶对生，近圆形或宽卵形，先端圆或锐尖，基部为心形、圆形或宽楔形，边缘具圆钝锯齿，齿端具腺体，叶上面为深绿色，下面为粉绿色；花为单性，雌雄异株，花先叶或与叶同时开放，每花有 1 苞片，无花被，雄花常 4 朵丛生，近于无梗，苞片在花期呈红色，为膜质，卵形。雌花 2~6（或 8）朵丛生，心皮为 4~8 个，离生，每心皮有多个胚珠，花柱为红紫色；果 2~4 个，荚果状，微弯，先端渐细，有宿存花柱，果长 10~18 毫米，宽 2~3 毫米，为褐色，成熟后背裂，果柄长 4~7 毫米；每果含种子（翅果）约 20 粒，双行整齐排列，斜方形，略扁，为棕褐色，长椭圆形，种皮为薄纸质。

连香树耐阴，喜湿，多生于海拔 400~2700 米的向阳山谷、沟旁低湿地或杂木林中，在中性、酸性土壤中都能生长。分布区气候冬寒夏凉，多数地区雨水较多，湿度大。冬芽 3 月初萌动，10 月中旬后叶开始变色，11 月中旬落叶，花期为 4~5 月，果熟期为 9~10 月。

连香树为第三纪孑遗植物，对于研究第三纪植物区系起源有十分重要的价值。此外，连香树树干通直，寿命长，树姿雄伟，叶形奇特美观，因此是观赏价值很高的园林绿化树种。而且，连香树还具有药用价值；它的果与叶可作药用。叶含焦性茶酚；果主治小儿惊风抽搐、肢冷。

连香树由于结实率低，幼苗易受暴雨、病虫等危害，故其天然更新极困难，林下幼树极少。加之近年来乱砍、滥伐森林，环境遭到严重破坏，致使连香树分布区逐渐缩小，日益萎缩，成片植株更为罕见。如不及时保护，连香树将要陷入灭绝的境地。目前已有不少植物园引种栽培连香树，并已获得成功。

鹿角蕨——庭院中的"鹿角"

鹿角蕨又名鹿角羊齿，原产于澳大利亚。鹿角蕨在全世界的自然分布有16种之多，主要有美洲鹿角蕨、安哥拉鹿角蕨、肾形鹿角蕨、马达加斯加鹿角蕨、三角叶鹿角蕨、瓦斯鹿角蕨、大鹿角蕨、硬叶鹿角蕨、银叶鹿角蕨、冠状鹿角蕨、沃尔切鹿角蕨、女皇鹿角蕨、重裂鹿角蕨等。其野生品种主要分布在非洲、亚洲、大洋洲和南美的热带、亚热带雨林中。

鹿角蕨为多年生附生草本观叶植物，根状茎肉质，短而横卧，有淡棕色鳞片。叶2列，基生叶（腐殖叶）厚革质，直立或下垂，无柄，贴生于树干上，长25~35厘米，宽15~18厘米，先端截形，不整齐3~5次叉裂，裂片近等长，全缘，两面疏被星状毛，初时绿色，不久枯萎，褐色；叶常成对生长，下垂，呈灰绿色，长25~70厘米，分裂成不等大的3枚主裂片，基部楔形，下延，几无柄，内侧裂片最大，多次分叉成狭裂片，中裂片较小，两者均可育，外侧裂片最小，不育，裂片全缘，通体被灰白色星状毛，叶脉粗突。孢子囊散生于主裂片的第一次分叉的凹缺处以下，不到基部，初时为绿色，后变为黄色，密被灰白色星状毛，成熟孢子为绿色。

鹿角蕨多分布于热带季风气候区，常附生在以毛麻楝、楹树、垂枝榕等为主体的季雨林树干和枝条上，也可附生在林缘、疏林的树干或枯立木上。植株以腐殖叶聚积落叶、尘土等物质作营养。雨季开始，在短茎顶端上长出新的腐殖叶及能育叶各2片。上一年的腐殖叶在当年就枯萎腐烂，而可育叶至第二年春季才逐渐干枯脱落。

鹿角蕨分布范围极为狭窄。它对研究蕨类植物区系有科学意义。其植株形态奇异美丽，可栽培供观赏。种类繁多的鹿角蕨，为装点室内绿色空间，提供了丰富的种植材料。

← 沃尔切鹿角蕨，看它叶子不整齐的叉裂与鹿角多相似。

↓美丽的鹿角蕨为人们的绿色环境装饰提供了更多的选择。

落叶木莲——鹅黄美人

落叶木莲又名华木莲,是木兰科中的我国特有单种属植物,目前仅存于江西省宜春市。现已被列入国家一级重点保护植物名录,并被写进《濒危植物红皮书》。

落叶木莲为大型落叶乔木,高可达30米,胸径可达60厘米,树干通直;春夏之交开花,花大型,淡黄色(这在木兰科植物中较为少见),状若睡莲,味清香,花儿初绽时宛若一位秀美的鹅黄美人;秋季果实绽开,露出一粒粒鲜红的种子,点缀于绿叶丛中,具有较高的观赏价值。

落叶木莲适于在秦岭以南的亚热带地区生长,喜肥沃、湿润的土地,幼树不耐干旱、贫瘠、稍耐阴;为前期速生型树种。

落叶木莲为我国特有的古老珍稀濒危植物,由于它落叶的固有特性,将木兰科的木莲属与木兰属之间相互联系起来,因而对研究木兰科的系统演化、探讨被子植物的起源,有着极其重要的作用。为了对其进行保护,科研人员将其种子在室内、室外、盆内等环境下多方培育,目前已成功繁育出落叶木莲的幼苗,并在栽培试验中获得了成功,使这一世界珍稀树种得到了有效保护。

↑ 树干高直的落叶木莲

↑ 落叶木莲的果实和红色的种子

↓ 盛放的落叶木莲　　→ 秀丽的"鹅黄美人"

木兰——花中"活化石"

木兰，别名木笔、紫玉兰、望春花，是木兰科木兰属落叶小乔木或灌木，原产我国中部地区，久经栽培，是珍贵的观赏花卉。近年来由于数量不断减少而变得越发珍贵了。木兰科植物是世界最古老被子植物类群，素有"植物化石"之称，目前全世界仅有250多种，中国作为现代木兰科分布中心，也仅存150多种。

木兰是一种漂亮的观赏植物，通常在每年春天的3~4月先花后叶，木兰花形硕大，花瓣外面为紫色，内壁近白色，微香；叶呈倒卵形或倒卵状长椭圆形；果实9月成熟，形似玉兰。木兰的适应性强，在庭院旷野、山区平原均可栽植，而且其花形优美，观赏价值极高，是环境绿化的优良花木。

木兰是一种市场潜力巨大的经济作物。木兰生长速度快、木质坚韧细致、含有芳香物质，是做桌椅、柜箱和衣橱的上等木料，用此木料做的柜箱衣橱存放衣被时不生蛀虫。木兰干燥的花蕾（称"辛夷"）具有很高的药用价值，据一些科学的数据显示，木兰花蕾性温，味辛，能散风寒，通鼻窍，主治风寒头痛、鼻塞、鼻渊、鼻流浊涕等症。木兰在化工、科研和物种多样性保护等方面也都有着非常重要的应用价值。

↑ 含苞欲放的木兰花蕾

↓ 木兰花特写

盛放的木兰

楠木——百年成材的珍贵树种

楠木属樟科，种类很多。主要产于我国四川、贵州、云南、广西、湖北、湖南等地，是一种极其珍贵的树种。关于楠木的分类，古代的书籍《博物要览》载："楠木有三种，一曰香楠，又名紫楠；二曰金丝楠；三曰水楠。南方者多香楠，木微紫而清香，纹美。金丝者出川涧中，木纹有金丝。楠木之至美者，向阳处或结成人物山水之纹。水河山色清而木质甚松，如水杨之类，唯可做桌凳之类。"可见，古人对楠木的习性和分类已有深入了解。遗憾的是，现在已经很少见到野生的楠木了。楠木属国家二级重点保护野生植物，也是我国的特产树种。

↑人工栽植的楠木林　　　　　　　　　　↑人工栽植的楠木幼株，紫红的新叶煞是可爱。

楠木为中亚热带常绿乔木，树干通直，高达30米以上，胸径1米。树姿优美，既是上等的用材树种，又是极好的绿化树种，常做庭阴树及风景树。楠木叶为长圆形至长圆状倒披针形，下面被短柔毛，侧脉明显。圆锥花序腋生，被短柔毛。核果为椭圆形或椭圆状卵形，黑色。

楠木的产地范围小，喜生长在气候湿润、冬暖夏热的地区，不耐寒冷。主要分布于四川、贵州、湖北和湖南等海拔1000～1500米的亚热带地区的阴湿山谷、山洼及河旁。

楠木的数量之所以稀少，是和它自身的生长特点分不开的。据资料表明，一般天然生楠木，初期生长甚缓慢，20年生的楠木树高的生长量仅约5.6米，胸径的生长量仅约4.1厘米，至60～70年生以后，才达生长旺盛期。楠木树高生长以50～60年最快，胸径以70～95年最快，材积以60～95年最快，这表明楠木具有后期生长迅速的特性。所以，楠木通常都是色泽淡雅、伸缩性小、容易操作而耐久稳定的木材，是非硬性木材中最好的一种。而这些特点就决定了如果要得到一棵巨大的成材的楠木，至少要等上100年。

楠木因其树形端丽、叶密阴深，适于栽植在草坪中及建筑物旁，或与其他树类在园之一隅混植成林，以增景色。楠木具有防风及防水之功效，在各地寺院附近，古木甚多。由于历代对楠木的砍伐利用，致使这一丰富的森林资源近于枯竭。目前所存林区，多系人工栽培的半自然林和风景保护林；在庙宇、村舍、公园、庭院等处尚有少量的大树，但病虫危害较严重，也相继衰亡。

↑ 用楠木制成的精美工艺品

历史上关于楠木的传说很多。根据苏州出土的一座春秋时期的墓葬得知，那时的人们已经用楠木做棺材，2000多年后的今天，那棺材虽然因为年代过久而朽坏，但是除去外表的腐朽，内里不仅木质尚存而且可以经得起轻击，这也证明了楠木的奇特性。传说中认为楠木是水不能浸、蚁不能蛀的，所以才能出现历经几千年仍相对完好的棺材了。而这种现象也正好印证了那句老话——"生在苏州，吃在广州，玩在杭州，死在柳州"。最后一句说的就是楠木，因为柳州出楠木棺材。

楠木木材优良，具芳香气，硬度适中，弹性好，易于加工，很少开裂，为建筑、家具等的珍贵用材。器具除做几案桌椅之外，主要用做箱柜。北京故宫博物院及现存上乘古建筑多为楠木构筑，如文渊阁、乐寿堂、太和殿、长陵等重要建筑都有楠木装修及家具，并常与紫檀配合使用。如明十三陵中，建成于明永乐十一年（1413年）的长陵棱恩殿，占地1956平方米，全殿由60根直径1.17米、高14.30米的金丝楠木巨柱支撑，黄瓦红墙，垂檐庑殿顶，是我国现存最大的木结构建筑大殿之一。清康熙时修建的承德避暑山庄的主殿——"澹泊敬诚"殿，也是一座著名的楠木大殿。

楠木木材和枝叶含芳香油，蒸馏可得楠木油，是高级香料。

↑ 华贵的金丝楠木皇宫椅

坡垒——气候带指示器

坡垒是产于海南岛的龙脑香科植物,世界现有大约 90 种龙脑香科坡垒属的植物,大多分布于印度、马来西亚等地,在我国仅在海南岛的少数地区分布有 4 种,它是海南岛热带雨林的代表种,目前野生坡垒仅存数百株,已被定为国家一级重点野生保护植物。

↑ 坡垒的茎叶

坡垒为常绿乔木,植株高大挺拔,株高可达 25～30 米,胸径达 60～85 厘米。树皮纵裂,黑褐色。叶革质,椭圆形,长 6.5～20.5 厘米,宽 4～11.5 厘米。圆锥花序生于枝顶,花偏于分枝一侧,花萼 5 片,花瓣 5 片,雄蕊 15 枚。花药卵状椭圆形,药隔顶端附属体丝状;子房近圆柱形,花柱基部膨大。坚果卵圆形,为增大宿萼的基部所包围,其中 2 枚萼片扩大成翅,倒披针形,长约 7 厘米,有纵脉 7～9 条。坡垒生长较慢,成年林木 8～9 月开花,翌年 3～4 月果熟。

坡垒要求炎热、静风、湿润的生境,较耐阴,林冠下天然更新良好。坡垒只有在热带雨林地区才有分布,常与青皮、野生荔枝、蝴蝶树等多种树种组成热带雨林。在我国,龙脑香科的坡垒是判断热带雨林区域分布的指示性植物。

坡垒还是一种经济树种,木材坚韧耐久,特别耐水渍,不受虫蛀,为海南树种之冠,适做特种工业、工艺及硬木家具等用。

但人类无节制的经济活动大大影响了坡垒的生存,伴随着坡垒生存环境的恶化和人类毫无节制的砍伐,使得这个珍贵的树种变得越来越少了,甚至濒临灭绝。

为了保护这一珍稀树种,我们应对现有的坡垒进行保护,此外,还应选择适当的立地条件,大量造林,使这种异常珍贵的树种得以存在下去。

↑ 坡垒的叶片

七子花——"花中仙子"

七子花是我国特有的忍冬科单种属植物，为落叶小乔木，属国家首批二级重点野生保护植物，先后被列入中国被子植物关键类群中的高度濒危种类和中国多样性保护行动计划中优先保护的物种。

从外形上看，七子花树高可达7米。树皮灰褐色，片状剥落。叶对生，厚纸质，卵形或长圆形，长7～16厘米，宽4～8.5厘米，边缘平滑或呈微波状。圆锥花序顶生，花序总长达15厘米。漏斗形的花冠为白色，稍有芳香，花冠外面多毛。果实为瘦果状核果，长圆形，长1～1.5厘米，外侧有10条纵棱。

↑ 盛开的七子花

七子花的植株（左）及树皮（下）

七子花3月中下旬展叶，5月上中旬即可见到花蕾，到7月初才开花，花期较长，可延至9月上旬，果实于10月成熟。

七子花树姿优美、花期长、花朵纤小可爱，可以作为优良的园林和绿化树种，是优良的观赏树木，具有较高的经济价值。七子花通常分布于海拔600～1000米的低山坡、山沟溪边灌丛中或毛竹林边缘，很少生长在山顶和山脊。目前仅间断分布于浙江的大盘山、北山、天台山以及安徽的泾县和宣城的少数地区。在模式标本产地——湖北兴山未能再找到生存的七子花，国内七子花研究权威专家确认大盘山乃世界七子花的分布中心。

龙文小百科　忍冬科植物代表——忍冬

忍冬是忍冬科的代表植物，为多年生半常绿缠绕灌木，也称金银花、二花。

忍冬叶对生，卵形，有柔毛，苞片叶状，花唇形，芳香，外面有柔毛和腺毛，雄蕊和花柱均伸出花冠；花成对生于叶腋，初白后黄，黄白相映，故称金银花。浆果为球形，成熟时为黑色。花和茎可入药。在我国广有栽培，日本和朝鲜半岛也有出产。

↑黄白相映的金银花

人参——百草之王

↑ 酷似人形的人参

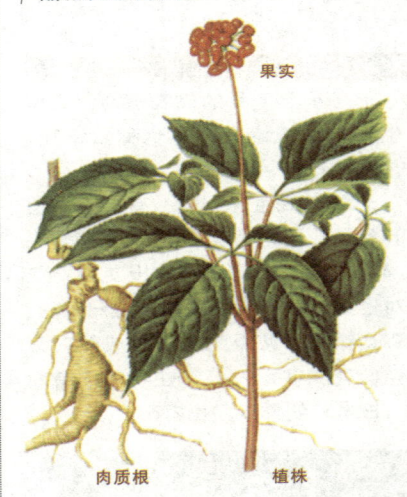

↑ 人参植株形态示意图

→ 人参扁球形的果实，成熟时为红色（如右图）。

人参属五加科多年生草本植物，产于中国东北地区，为"关东三宝"（人参、貂皮、乌拉草）之首，亦见于朝鲜半岛，称"朝鲜参"、"高丽参"。野生的称野山参，栽培的称园参；按加工方法不同又分为生晒参、红参等。人参已被列为国家珍稀濒危保护植物。

人参的株高为40~50厘米，有纺锤形或圆锥形的肉质根，有细密的皱纹，色淡黄，常斜生，多须根。主根顶端有根状茎，根状茎很短，多不明显，俗称"芦"或"芦头"。轮生掌状复叶。初夏开黄绿色小花，伞形花序单个顶生。果实呈扁圆形，大小如豆粒，秋天成为鲜红色的浆果，内有2粒种子。

由于人参纺锤形的肉质主根及分枝很似人形，加之其多肥厚，就如胖娃娃一般，所以人们常叫它"人参娃娃"。人参也是非常有灵性的植物，民间甚至流传说人参能够像动物一样行走。

野生的山参，多生长在气温低、光照长、土壤肥沃的山坡上。

人参是我国传统的珍贵药用植物，在古代有许多别名和雅号，如：神草、王精、地精、土精、黄精、血参、人衔、人微等。在中国的医药史上，使用人参的历史非常悠久。

早在战国时代，良医扁鹊对人参的药性和疗效就有所了解；秦汉时代的《神农本草经》，把人参列为药中上品；汉代名医张仲景的《伤寒论》，全书113方，用人参的就有21方；在明代，李时珍编著的《本草纲目》中也有大量关于人参的记载。中医还用"独参汤"挽救垂危病人，民间传为"救命汤"。在中药学上，人参有大补元气、治疗久病虚脱、大出血、大吐泻等危重病症以及健脾益肺、生津安神等功效。正由于此，人参一向被称为"中药之王"、"百草之王"，世界闻名。

那么，是什么原因使得人参具有如此神奇的功效呢？原来人参含有多种皂苷、人参酸、多种氨基酸、糖类、维生素类、植物甾醇和挥发油等，具有抗衰老、抗肿瘤，加强大脑、心脏、脉管的活力和造血功能，能够刺激内分泌机能，兴奋中枢神经系统，并可使网状内皮系统功能亢进等。

野生人参生长缓慢，采取困难，疗效很高，所以非常珍贵。据说1981年8月，吉林省长白山区抚松县有四位农民，在深山老林中采到一支百年野山参，重达287克，主体长9.5厘米，称为"参中之王"，现陈列在北京人民大会堂吉林厅中。人参在我国的药用历史约有4000年，但由于长期过度采挖，天然分布区缩小，目前，已在长白山等地建立了自然保护区。

在我国，有关人参的历史传说很多，文学作品和民间故事中都有大量描写。《红楼梦》中王夫人翻箱倒柜找人参，是人们所熟悉的故事。而在人参的故乡东北，有关人参神话般的有趣故事更多。在这些故事里，人参常常作为正义和善良的化身，有时是一个身穿红兜肚、聪明伶俐的小男孩，有时是一个头簪红花、身着绿袄的美丽姑娘，有时又是一个童颜鹤发的慈祥老人，有时又是射出一缕毫光的北斗星。这些故事不知流传了多少年，依然是引人入胜。尽管这些传说不一，但都反映了人们对人参的了解、喜爱和珍视。

↑ 整株人参的形态

↑ 人参的种子（右）和发芽的人参种子（右）

↑ 经典动画片《人参娃娃》中的可爱形象

珊瑚菜 —— 可以食用的沙参

珊瑚菜又名北沙参、莱阳沙参，属伞形科多年生草本植物。主要分布于我国北部至东南部沿海一带，多生长于沙滩上，在朝鲜半岛、日本、俄罗斯等地也有出产。属渐危种。

珊瑚菜株高5~25厘米。主根细长，圆柱形，长达70多厘米。基生叶具柄，叶柄长约10厘米，基部宽鞘状；叶片轮廓呈卵形或宽三角状卵形，长5~12厘米，三出式分裂或二回羽状分裂，裂片质厚，卵圆形或椭圆形，长2~5厘米，宽1~3厘米，先端圆钝或渐尖，边缘有粗锯齿，上面有光泽；复伞形花序顶生，总梗长4~10厘米，密生白色或灰褐色绒毛；无总苞；伞辐不等长；小总苞片8~12枚，线状披针形；花白色；萼齿5，细小；花瓣5，卵状披针形，先端内折；雄蕊5，与花瓣互生，花药带紫褐色；花柱基扁圆锥形，花柱短；双悬果圆球形或椭圆形，果棱木质化，翅状，有棕色毛。

珊瑚菜喜温暖湿润，分布区受海洋性气候的影响，冬春干旱（南界无明显干旱)，夏秋多雨，主根深入沙层，能抗寒，耐干旱；适宜在平坦的沿海沙滩或排水良好的沙土和沙质土壤中生长。花期4~7月，果期6~8月。

珊瑚菜的根可入药，被广泛用做镇咳祛痰药，并可食用。珊瑚菜对研究伞形科植物的系统发育、种群起源以及东亚与北美植物区系，均有一定意义，对于海岸固沙和盐碱土的改良也极为重要。

近年来，城市和港口的建设，需要大量用沙，因而生长珊瑚菜的沙滩常被挖掘，生境遭到破坏，影响繁殖生长，加上药农连年挖根，因此资源逐渐减少，分布面积越来越窄。

↑ 生长在沙地上的珊瑚菜

↑ 珊瑚菜的花蕾

↑ 珊瑚菜的复伞形花序

睡莲——水中的美人

睡莲也称子午莲,属双子叶植物纲,睡莲科,多年生水生草本植物,广泛分布于世界各地。

睡莲有粗短的根状茎;叶片马蹄形,丛生,浮于水面上,具细长的叶柄,叶近革质,直径6~11厘米,全缘,无毛,上面浓绿,幼叶有褐色斑纹,下面暗紫色;秋季开花,花单生于细长的花柄顶端,花瓣多数,多白色,也有呈粉、红、黄等色,直径3~6厘米,萼片4枚,宽披针形或窄卵形,漂浮于水面,由于其每日午时开花,傍晚闭合,可连续开闭三四日,故名睡莲,所以曾有文人这样写道:"不要误会,我们并不是喜欢睡觉,只是不高兴暮气,晚上把花闭了,一过了子夜,我们又开放得很早,提前欢迎着太阳上升,朝气来到。"其花凋谢后才逐渐卷缩,并沉入水中结果。

睡莲较为耐寒,在我国江南地区冬季不加保护便能安全越冬。在长江流域,其花期为5月中旬至9月,多在6~8月盛放,果期为7~10月。

炎炎夏日,清风徐来,碧波荡漾,一丛丛美丽的睡莲轻舞花叶,形影妩媚,好似凌波仙子,令人赏心悦目,心旷神怡,不禁联想起"凌波不过横塘路,但目送、芳尘去"、"飘忽若神,凌波微步"等古人的诗句。

睡莲属植物的学名 Nymphaea 源于拉丁语 Nymph,意为居住在水乡泽国的仙女。在古希腊、古罗马,睡莲与中国的荷花一样,被视为圣洁、美丽的化身,常被作为供奉女神的祭品。在《新约全书》中,也有"圣洁之物,出淤泥而不染"之说。古埃及则早在2000多年前就已栽培睡莲,并视之为太阳的象征,认为是神圣之花,历代的王朝加冕仪式、民间的雕刻艺术与壁画,均以之作为供品或装饰品。睡莲在园林中被运用得很早,在2000多年前,中国汉代的私家园林中就曾出现过它的身影。

由于睡莲的根能吸收水中的汞、铅、苯酚等有毒物质,是难得的水体净化的植物材料,所以在城市水体净化、绿化、美化建设中备受重视。

四合木——植物中的"大熊猫"

↑ 四合木艰难地生长在石缝和沙土中。

↓ 四合木植株形态示意图

四合木,蒺藜科,为落叶小灌木,是中国特有的孑遗单种属植物,是最具代表性的古老残遗濒危珍稀植物,是一种与恐龙同时代的植物,被誉为植物界的"活化石"和植物中的"大熊猫",其分布范围非常狭窄,在世界范围内仅零星散见于俄罗斯、乌克兰的部分地区,集中连片生长的四合木仅存于内蒙古与宁夏交界的一片狭小的荒原上。现已被列为国家一级重点保护植物。

从外表上看,四合木非常不起眼,它"身高"不足半米,长有偶数羽状复叶,叶片很小,开白色或黄色小花。

四合木的传粉效率较低,50%的柱头上无花粉,20%的柱头上有1~2个花粉,30%的柱头上有多个花粉,只有25%的花柱中有多个花粉管。四合木的坐果率为57.36%~68.76%,结籽率为1.26%~2.8%。在生境条件较差的群落中,坐果率较高,这是其适应恶劣环境所采取的生殖对策。

四合木是一种生命力顽强的植物,在它的身上,充分体现了生命是如何抗击恶劣的生存条件的。四合木是草原化荒漠的群种之一,为强旱生植物,艰难地在石缝和沙土中生存,在我国宁夏至内蒙古荒凉的原野上,我们经常会看到一团一团的四合木,大小不一遍布在沙砾地上,在烈日炎炎下仍然郁郁葱葱、顽强蓬勃、挺直向上。四合木能在如此恶劣的条件下存活至今,堪称奇迹。而且奇怪的是,有人曾进行过移栽试验,结果难以成活。还有人把它放入花盆培育,结果也枯

第2章 世界珍稀动植物博览
植物篇 ZHI WU PIAN

←蓬勃茂盛的四合木

死了。是何原因，大家也不清楚，或许在四合木身上充分体现了人们常说的"在逆境中求生存"的哲学了。

四合木的存在除了能够给人类带来一种欣欣向荣的感觉，而且还为改变周围的环境做出了重要的贡献，是一部极珍贵的"天然史书"。通过对四合木的研究，人们可以知道很多关于古代生物的遗传、进化以及环境的变迁等知识。根据DNA检测结果，四合木的遗传多样性接近130种长寿多年生植物的平均水平，它对于研究物种的起源和变迁，探索物种发展的多样性及其保护、维护生态平衡、改善生态环境，走可持续发展之路，都有十分重要的价值。

但令人遗憾的是，近年来人类不合理地开发活动，如无规划、无节制的开矿、炼焦、修路、樵采、过度放牧等，对这一地区的植被有着直接的破坏作用，保护区的生态环境加速恶化。当然，除了人为原因，四合木自身的繁殖特点也决定了它的稀有性。所以，在科研上加大力度，促进四合木的人工繁殖也是保护这种珍贵树种的重要措施。

为保护这种珍稀植物，我国在四合木的故乡石嘴山市惠农区，专门成立了四合木珍稀植物保护所，将惠农区境内的1000公顷四合木生长区初步划定保护范围，并明确规定四合木分布区不再批设工业项目，在四合木保护区内进行了围栏封育、引水灌溉、围栏架线，并建立了试验区。另外，2001年在石嘴山发电有限公司灰场试验移植的千余株四合木，目前成活率高达80%，这一切也使人们看到了希望，加强了对保护这一珍贵树种的信心。

龙文小百科 什么是DNA？

↑生物的基因仍是个神奇未解的奥秘。

DNA为英文Deoxyribonucleic acid的缩写，即脱氧核糖核酸，又称去氧核糖核酸，是染色体的主要化学成分，也是组成基因的材料。有时被称为"遗传微粒"，因为在繁殖过程中，父代把它们自己DNA的一部分复制传递到子代中，从而完成性状的传播。

那么，DNA是怎么被发现的呢？DNA和RNA与生物遗传基因细菌学家艾弗里在研究肺炎球菌转化时，偶然发现了DNA，就是那个被很多人找了很久的基因物质。在DNA上带着生命的遗传秘密的基因物质，这样，对于到底什么是决定生命遗传现象的探索，终于到了揭开秘密的时候了，这时已是20世纪40年代。DNA是使生物保持恒常的基本因素。

DNA的发现对人类具有重要的价值，亲子鉴定就是其作用之一。

四数木 —— 最典型的板根植物

←板根发达的四数木

四数木属四数木科落叶大乔木，为单科单属单种植物，在植物学里，这种情况比较罕见。四数木主要分布于亚洲热带地区，国内仅见于云南省东南部，是世界上最典型也是国内最大的板根植物，是我国二级保护植物。

四数木高25~45米，枝下高20~35米，胸径60~120厘米，具明显而巨大的板状根；树皮粗糙，为灰白色；着花的小枝粗壮，上面叶痕明显凸起。叶互生，为宽卵形或近圆形，长10~26厘米，宽9~20厘米，纸质，基部微心脏形或近圆形，边缘有锯齿，幼叶兼有角状齿裂，两面有稀疏短柔毛，下面脉上的毛较多；叶柄长3~12厘米。花单性，雌雄异株，4基数，无花瓣，开于叶前；雄花序圆锥状，长10~20厘米；雌花序通常穗状，长8~20厘米，着生在小枝近顶部。蒴果球形或卵球形，坛状，膜质，长4~5毫米，成熟时黄褐色，外面具8~10脉，在顶端于花柱间开裂；种子细小，多数，微扁，长0.5毫米以下。

西双版纳热带植物园里有一株巨大的四数木，它高40多米，共有13块板状根，占地面积55平方米，其中最大的一块板根长10米，高3米，每天都有许多游客慕名前去参观，面对那巨大的有生命的"活板墙"，他们惊叹不已。细心的游客也许会发现，它其中的一块板根中部有一个很大的缺口凹下去——原来，这是几十年前，当地农民为图方便，从这块板根中锯出来一部分，然后修成圆形，直接拿去当做一辆木架车的轮子用。为什么热带雨林里的这些乔木会形成板根呢？

原来，热带雨林里的这些乔木不仅身躯高大粗壮，十分沉重，而且大多是些浅根植物，还常常要经历热带雨林的暴风骤雨。为了加大基础、解决"头重脚轻站不稳"的难题，又为了避免被风雨刮倒，所以它们就特别"聪明"地生长出一些板根来支撑自己。同时，也正因为有板根的存在，以至于需要十几个人才能合围这株大树，并使得这些大树十分难以砍伐。

蒜头果——"娇贵"的虫媒传粉植物

蒜头果又名蒜头木、山桐果，在壮语中又名马兰后，属铁青树科，为常绿乔木。主要产于广西西南部至云南东南部一带，为我国二级重点保护野生植物。

蒜头果株高通常为15～25米，直径30～50厘米，树皮灰褐色。叶互生，薄革质，长圆形或长圆状披针形，嫩叶两面有棕色粉状微柔毛；叶柄长1～1.5厘米，基部有节。花小，10～15朵排成伞形花序状或总状花序状的聚伞花序，花序腋生，单序或2～3序集生在短枝上端或小枝枝梢，总花梗纤细。果圆形，稍扁，蒜头状。中果皮肉质，内果皮坚硬。种子柔软，内呈黄白色。总的来说，蒜头果树干挺直，有樟树气味。叶片揉碎有桃仁气味。

↑ 蒜头果的果实

蒜头果为中、浅根性树种，幼树期喜阴，随着树龄增大而逐渐喜光。蒜头果在桂西南垂直分布于海拔300～1200米的地区，在滇东南可达海拔1640米。多生于石灰岩石山的下坡，喜肥沃且湿润的中性至微碱性石灰岩土。

和其他生物相比，蒜头果是一种较为"娇贵"的植物，这主要是因为蒜头果为虫媒传粉植物，主要访花昆虫有12种，在繁殖的过程中容易受到昆虫的侵害，且花粉萌发率较低，花粉管生长速度慢而且容易弯曲，结实率低。种子萌发有一定障碍，幼苗生长受多种病虫害感染，成活率低。

蒜头果为单种属植物，形态解剖特征既有原始性状，又有进化特征，对于研究铁青树科的分类系统有一定意义。另外，蒜头果的种仁油脂可作为合成麝香酮的理想原料。

近些年来，由于人类活动的频繁，对蒜头果的生长产生了消极的影响，并且蒜头果因屡遭砍伐，残存不多，加之分布地鼠害严重，天然更新不良，这些都威胁着该种的生存与发展。

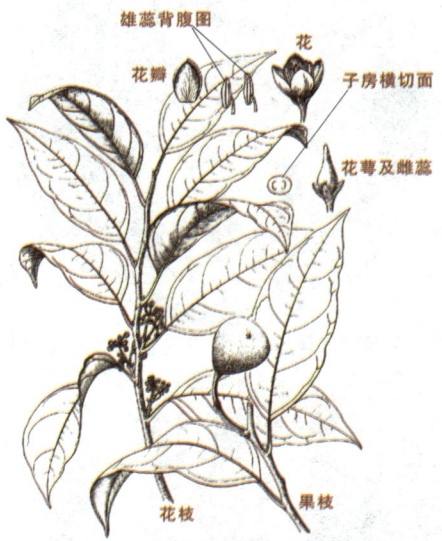

↑ 蒜头果植株形态示意图

天麻 —— 不含叶绿素的植物

天麻，原名赤箭，又叫定风草、鬼箭杆等，属兰科多年生腐生草本植物，是珍贵的药用植物。产于我国云南、四川、湖北及西北、东北等地。

天麻为一株肉质独苗，黄红色，全株无叶绿素，地下有肉质肥厚的块茎，即稀有珍贵的中草药天麻，而且，天麻是以块茎进行繁殖的。天麻的地上茎为黄赤色，节上有膜质的鳞片。夏季开花，花多数，形成稠密的总状花序，花肉黄色或淡绿黄色。天麻多生长在阴湿的林下、腐殖质较多的土壤上。

天麻没有根、不含叶绿素，那么它的营养是如何获取的呢？原来，天麻的营养主要由蜜环菌提供，因此在进行天麻栽培时，就需要先培养蜜环菌能够寄生的树根或是树干作为栽培材料。

→ 是植物，却不含叶绿素的天麻。

自古以来天麻就被列为名贵药材，而且还是很好的保健品，早在2000多年前就已入药。据《神农本草经》记载，天麻性辛、温平、味甘，有祛风、定惊之功效，主治肝风头痛、眩晕、抽搐痉挛、小儿惊风等症。在天麻的故乡云南，所产天麻个儿大、肥厚、完整、饱满、色黄白、明亮、呈半透明状，质坚实、无空心，品质特佳，又被称为"云天麻"。

由于天麻是平肝息风的良药，对肝风引起的头痛有特效。所以，以云天麻为主要原料制成的天麻片、天麻补酒，也是很有名的中成药。鉴于野生天麻数量的稀少和人们对天麻的需求量的增加，经过多年研究试验，人工栽培的天麻已获成功，正在逐步推广。

↑ 天麻局部特写，节上膜质的鳞片清晰可见。

↑ 天麻的块茎，也是珍贵的药材。

秃杉 —— 老树幼树叶不同的植物

秃杉属杉科台湾杉属，与台湾杉是孪生兄弟，是世界稀有的珍贵树种，只生长在缅甸以及我国台湾、湖北、贵州和云南。最早于1904年在台湾中部中央山脉乌松坑海拔2000米处被发现，为我国二级重点保护野生植物。

秃杉为常绿大乔木，植株异常高大。秃杉树高可达60米，直径2~3米，但这种植物生长缓慢，直至40米左右高时才生枝，树冠之下高直而光秃，故名秃杉。它的树冠小，树皮呈纤维质，叶在枝上的排列呈螺旋状。奇怪的是，都是一样的树种，但是秃杉的幼树和老树上的叶形有所不同。幼树上的叶尖锐，为铲状钻形，大而扁平；老树上的叶呈鳞状钻形，横切面呈三角形或四棱形，上面有气孔线。

秃杉是雌雄同株的植物，花呈球形。其雄球花5~7个簇生在枝的顶端，雌球花比雄球花小，也着生在枝的顶端。长成的球果为椭圆形，没有鳞片，苞片倒圆锥形至菱形。虽然秃杉是高大的乔木，但是其种子只有5毫米左右长，带有狭窄的翅。难以想象，这么小的种子竟然能长成一株参天的大树。

秃杉具有很高的经济价值，由于秃杉树干挺直，木质软硬适度、纹理细致，心材为紫红褐色，边材为深黄褐色带红，且易于加工，是建筑、桥梁和制造家具的好材料。此外，它还是营造用材林、风景林、水源林、行道树的良好树种。

秃杉为第三纪子遗植物，可以说是植物界的活化石，大量繁育栽培成为保护这种濒危植物的重要手段。目前，随着国家生态环境的建设和人们对秃杉的进一步认识，它有望成为植树造林和园林绿化中的后起之秀。

→ 高大的秃杉

望天树 —— 雨林巨人

望天树属双子叶植物纲，龙脑香科，常绿大乔木，产于我国西双版纳。望天树是1975年在西双版纳州勐腊县境内首次被发现的，被列为国家一级重点保护野生植物。

望天树高70米，最高的80多米，虽说望天树比生长在澳大利亚高150米的世界最高树杏仁香桉矮半截，但在我国的热带雨林中，它却是鹤立鸡群，在亚洲也是最高的雨林群落和最高的树种。望天树不但个子高，而且干形圆满通直，不分杈，树冠像一把巨大的伞，而树干则像伞把似的，西双版纳的傣族人因此而把它称为"埋干仲"（伞把树）。

↑ 高大的望天树
↓ 望天树密被绒毛的叶片

望天树的树皮为褐色或深褐色，有发达的板状根。小枝、托叶、苞片、叶片的背面都被有糠秕状的星状毛。常绿的叶子为革质，单叶，互生，呈矩圆形，前端变尖，基部为圆形或宽楔形，叶上有羽状的脉纹，近于平行，叶的背面脉序凸起，托叶大。花序多为总状，顶生，花两性，不显著。果实呈卵状椭圆形，外被茸毛，有果翅5枚，果翅由宿存的花萼增大而成，呈倒披针形。

望天树喜欢生长在赤红壤、沙壤及石灰壤上，并且，对气候的要求也很严格，周围气候最好全年都处于高温、高湿、静风、无霜的状态中。

望天树具有巨大的经济价值，这主要源于它材质较重、结构均匀、纹理通直而不易变形，加工性能良好，适合于制材工业和机械加工以及较大规格的木材用途。另外，望天树的木材中还含有丰富的树胶，花中含有香料油，这些也都是重要的工业原料。同时，望天树对研究我国的热带植物区系有重要意义。

望天树虽然高大，但结的果实却很少，再加上病虫害导致的落果现象十分严重，造成种子都落在地上，发芽过快或腐烂，寿命很短，人工又不易采集，所以野外数量十分稀少。云南南部已建立自然保护区对其进行有效的保护。

喜马拉雅长叶松——世界屋脊上的稀有树种

喜马拉雅长叶松又称西藏长叶松,是国家三级重点保护野生植物。其分布非常狭窄,分布中心是喜马拉雅山南坡,西藏吉隆海拔1800~2400米的山地有小面积纯林。另外,在不丹、尼泊尔、巴基斯坦、阿富汗境内海拔500~1500米地区也有分布,是一种稀有的树种,已濒临灭绝。

和其他树种相比,喜马拉雅长叶松是一种暖温干燥型的阳性树种,它们性格坚韧,能够适应恶劣的自然环境,当周围的其他植物因无法适应恶劣环境而销声匿迹的时候,唯独喜马拉雅长叶松仍然屹立在风雪中。

喜马拉雅长叶松为常绿乔木,树高达30~45米,直径为40~100厘米。通常,幼树和成年树的外表有一定的区别:幼树树皮深灰色,老树树皮暗红褐色,较厚,深纵裂,粗糙,呈片状脱落。冬芽卵圆形,小枝褐色,无树脂;大枝轮生,斜展;小枝粗壮,1年生枝灰色或淡褐色。针叶3针一束,细长,下垂,长20~35厘米,宽约1.5毫米,边缘有细锯齿,背面光绿色,背面及腹面两侧均有气孔线;横切面呈扇状三角形,有2个中生树脂道;叶鞘长2~3厘米,宿存;鳞叶延下生长。雄球花有很多螺旋状排列的雄蕊;雌球花近顶生,球鳞先端反曲。球果下垂,翌年成熟,长卵圆形,长10~20厘米,直径6~9厘米,梗较粗短。其总体特点是球果甚大、针叶特长。

喜马拉雅长叶松的存在,一方面对研究植物区系及松属分类、分布有重大的学术价值,另一方面,喜马拉雅长叶松的木材有多种用途,树皮、枝、叶可提取栲胶、松节油和割取松脂。由于喜马拉雅长叶松在我国分布范围和数量的减少,人们对它的保护正在逐步加强。

↑ 茂盛的喜马拉雅长叶松和它的果实

↓ 球果甚大、针叶特长的喜马拉雅长叶松

喜树 —— 抗癌植物

↑ 枝繁叶茂的喜树

↓ 喜树的球形头状花

喜树也称旱莲、千丈树，属蓝果树科，喜树属落叶乔木，该属仅此一种。喜树为我国特有树种，主要分布于我国中部及西部地区，垂直分布于海拔 1000 米以下的山麓及平原。

喜树树高 20～25 米；叶互生，呈卵状椭圆形，全缘或微呈波状；夏季开花，头状花序合成圆锥状花序，花单性，雌雄同株，雌花序顶生，雄花序腋生；坚果呈翅果状，集成一球，窄矩圆形，不具梗，两侧不对称，果皮厚革质，具 2～3 纵棱脊，内含 1 粒种子。

喜树是速生树种，高度生长旺盛期一般出现在 3～8 年间，但 10 年后急剧下降；直径生长旺盛期在 5～15 年间，材积生长在 20 年后下降。

喜树喜光性中等，幼龄时耐阴，在较为阴湿的沟谷中天然更新良好，在溪流两岸和谷地中，土壤肥沃、湿润处生长相当迅速，对土壤酸、碱性要求不严，在石灰岩土壤和冲积土上生长良好，但在干燥、瘠薄的石质土上就会生长不良。

喜树木材轻软、脆弱，易开裂反翘，可作造纸、火柴用材；种子、根皮中含有喜树碱，是抗癌药物；常用于路旁绿化、用材林、防护林和行道树等的树种。

龙文小百科　植物花序示意图

总状花序　复总状花序　伞房花序　伞形花序　复伞形花序　穗状花序　复穗状花序　头状花序

圆锥花序　柔荑花序　肉穗花序　隐头花序　单生　聚伞花序　复聚伞花序　变形复聚伞花序

夏蜡梅 —— 初夏盛开的梅花

夏蜡梅又被称为牡丹木、黄琵琶等，属于"正宗"蜡梅科，为落叶灌木。中国的夏蜡梅仅分布于浙江东部和西北部，夏蜡梅已被列为国家二级重点保护野生植物。

夏蜡梅可谓是蜡梅科中的花魁，株高1~3米。叶子是深绿色，卵形或椭圆形，叶表被短柔毛，秋天变为黄色。夏季开花，花有芳香，花茎4~5厘米，为深红色或黄色。珍贵的夏蜡梅次第开放的景象是最壮观的，洁白的花朵欺霜赛雪，金黄色的花蕊噙含其中，恰似一只盛满金珠的玉碗，冰清玉洁，雍容华贵。

↑ 初夏盛放的夏蜡梅　　　　　　↑ 蜡梅花魁——夏蜡梅

夏蜡梅生长于海拔600~1100米处的山坡或溪谷林下。多结群成片地生长，蔚为壮观。

夏蜡梅是北极第三纪孑遗植物，直到20世纪60年代才在临安被发现。由于夏蜡梅一反蜡梅科植物隆冬腊月盛开的习惯，直到初夏才吐露芬芳，因而也就更加显得弥足珍贵了。由于其分布区极为狭窄，加上森林砍伐严重，生态环境恶化，夏蜡梅花数量减少，我国已成功对其进行了人工繁殖试验。

很多国家都从我国引种过夏蜡梅：东邻的日本，欧洲的英、法，美洲的美国和加拿大等，许多植物园和花卉爱好者都把引种的中国夏蜡梅当做珍宝。

龙文小百科　蜡梅科植物

蜡梅科植物属落叶灌木。叶对生，纸质或近革质，椭圆状卵形，全缘。通常冬末时，先叶后花，花被多片，外部的为黄色，内部的为紫褐色，香气袭人。瘦果褐色，生于壶状的花托内。花可提取芳香油，花蕾可入药，主治暑热烦渴、气郁胸闷、咳嗽等症。

蜡梅科植物均为著名的观赏品种。

← 这种花瓣淡黄色的蜡梅又被人们称作"素心蜡梅"，是著名的观赏品种。

香果树 —— 茜草科的唯一代表

↑ 这就是茜草科的独苗了。

香果树属于落叶大乔木,该科仅1种,是一种古老的孑遗植物,分布于我国中部和西南各地。属国家二级保护植物。

香果树叶对生,革质,有柄,呈宽卵形至椭圆形,全缘;托叶呈三角状卵形,早落。聚伞花序排成顶生的圆锥花序;花大,淡黄色,有柄;花萼小,5裂,裂片三角状卵形,会脱落,有些花的萼裂片的1片扩大成叶状,白色而显著,结实后仍宿存;花冠漏斗状,有绒毛,顶端5裂,裂片覆瓦状排列;雄蕊5,与花冠裂片互生;子房2室,花柱线形,柱头全缘或2裂,胚珠多数。蒴果纺锤形,两端稍尖,成熟后裂成2瓣;种子极多,细小,周围有不规则的膜质网状翅。

↑ 香果树的花枝(左)、花苞片(中)、花(右)

↓ 香果树植物形态示意图

香果树喜温和、凉爽的气候和湿润肥沃的土壤。一般2年或4年结实一次。

在神农架林区主产于南部海拔600~1400米的山坡或山沟边的林中。板仓电站后山腰海拔1050米处有一株香果树,高约28米,胸径1.86米,树龄约300年,是神农架山地和湖北省目前发现的最大香果树。香果树树姿优美,花大而艳丽,是很好的观赏植物。木材优良,用途广泛,枝皮等纤维可用于制蜡纸或作人造棉原料,根及树皮可入药。

香果树为我国特有单种属珍稀树种,对研究茜草科系统发育和我国中部、西南部的植物区系等均有一定意义。

星叶草——喜欢"群居"的植物

星叶草为一年生小草本植物，其生物学分类尚有争议，毛茛科？星叶草科？尚无定论。星叶草零星分布于我国云南、四川、甘肃、陕西、青海、新疆等地，国外尼泊尔、不丹也有分布。为我国重点保护的稀有植物。

星叶草植株高3～10厘米，茎细弱，根直伸，支根纤细。叶簇生于茎顶；子叶为线形或披针状线形，无毛；叶纸质，为菱状倒卵形、匙形或楔形，边缘上部有小齿，齿端有刺状短尖，下面粉绿色；叶脉二叉状分枝。花小，两性，单生于叶腋；雄蕊与萼片互生，高出于萼片，花丝线形；心皮分离；子房上位，长圆形，稍偏斜，1室，有1下垂胚珠，无花柱，柱头近椭圆球形。瘦果近纺锤形或狭长圆形，通常具钩状毛；种子含丰富胚乳。

星叶草具有独特的性状，其叶脉为开放式的二叉状分枝脉序，特别是远轴盲脉末端的形态结构特征，使其明显地有别于毛茛科的其他属，故有人主张将其另立为星叶草科。

从生活习性上看，星叶草喜阴湿，要求散射光和潮湿的生境，凡阳光直接照射处，不见其分布，这种特殊生境一旦被破坏就难以生长。这种习性也是导致星叶草不断减少的重要原因，因为星叶草通常都是长在树阴下面，而人类的活动也经常破坏森林里的植被，所以，间接地导致星叶草数量的减少。

↑ 喜欢"群居"的星叶草
↓ 星叶草玲珑的叶片

星叶草通常是成片生长的，这很像动物喜群居的现象，这是因为它们会分泌一种特殊气味，而这种气味还具有一定的排他性，影响其周围植物的生长，故在林下或局部小环境中往往形成单优群落，只有一些湿生植物，如黄水枝、细弱荨麻和橐吾等才能与星叶草相伴生长。

人类对森林的砍伐破坏了星叶草适宜的生境，使其分布范围日趋缩小，但其特殊的植物学特征对于进一步研究被子植物系统演化问题具有一定的科学价值，因此人们已经大力加强了对星叶草的保护工作。

雪莲——高山上的"圣女"

↑美丽的雪莲花
↓状如甘薯的雪莲果实

雪莲属菊科,为多年生的草本植物。雪莲种类繁多,如水母雪莲、毛头雪莲、西藏雪莲等。人类对雪莲的关注早已有之,早在清代,赵学敏著的《本草纲目拾遗》一书中就有"大寒之地积雪,春夏不散,雪间有草,类荷花独茎,婷婷雪间可爱"和"其地有天山,冬夏积雪,雪中有莲,以天山峰顶者为第一"的记载,其美丽与珍贵可见一斑。

通常,雪莲的地上植株很矮,茎高15~35厘米,茎直立,下部有宿存的褐色残叶。叶多数,密集,长圆状倒卵形,有锯齿。每年7月是雪莲的开花季节,头状花序多数密生于茎的顶端,花多为蓝紫色,外面多有白色半透明的膜质苞片,花朵的整体看上去和水生的荷花很像,因其生于高山积雪的岩缝中,故名雪莲。雪莲花的花香袭人,顺风时香味可以飘到几十米远。雪莲开花之后不久的8月,就迅速地结出了长圆形瘦果。

半透明的膜质苞片将高山雪莲衬托得更加清丽脱俗。

第2章

世界珍稀 动植物 博览

植物篇 ZHI WU PIAN

雪莲是一种傲视风雪的植物，具有异常坚韧的耐寒性。雪莲通常生长在高山雪线以下海拔4800~5800米的峭壁缝隙间，它生长的环境气候多变，冷热无常，雨雪交替。常见于高山岩缝，雪线附近的冰碛陡岩、砾石坡。要想得到它，须徒步登山寻找，若遭遇雪崩之难，甚至要付出生命的代价。

↓ 雪莲植株上密生的绒毛让它具有超凡的抗寒、抗辐射能力。

那么，是什么原因使得雪莲能够适应如此恶劣的自然环境呢？原来，雪莲的独特的生物特性为它能够适应恶劣的环境奠定了基础。它的叶子极密，状如白色长棉毛，宛若棉球，棉毛交织，形成了无数的小室。室中的气体难以与外界交换，白天在阳光的直接照射下，它比周围的土壤和空气所吸收的热量要大；到了夜间，它的温度又降低得很慢，所以能保暖御寒和防止水分强烈蒸发。而棉毛层又可使机体免遭强烈辐射的伤害，植体密被绒毛，这是高山植物的又一大特点。

↓ 形态独特的雪莲植株

这类多毛的植物中有好多本来属于少毛的种类，但在这里成为多毛，甚至有的无毛植物也变为有毛了。这样的毛一方面在白天可减少蒸腾，防止强光直接照射植体组织带来的灼伤，另一方面又能防止生长季节夜间经常出现低温的冻害，并对剧烈变化的昼夜温差起到了缓冲作用。这些生态特点同时也为植物的越冬芽提供了抗冻害的有利条件，并在第二年萌发较早。这类植物正是依靠了这厚厚的一层绒毛的保护才能在这恶劣的环境中生长。但由于生长环境特殊，雪莲3~5年才能开花结果。

自古以来，人们赋予了雪莲许许多多美好的品质。过去高山牧民在行路途中遇到雪莲时，认为有吉祥如意的征兆，并以圣洁之物相待。据传，雪莲是瑶池王母到天池洗澡时由仙女们撒下来的，对面海拔5000多米的雪峰则是一面漂亮的镜子。雪莲被视为神物，饮过苞叶上的露珠水滴，则认为可以驱邪除病，延年益寿。文人们对雪莲也是情有独钟，"耻与众草之为伍，何亭亭而独芳！何不为人之所赏兮，深山穷谷委严霜？"1000多年前，唐代边塞诗人曾经这样吟唱雪莲。

雪莲独有的生存习性和独特的生长环境使其天然而稀有，并造就了它独特的药理作用和神奇的药用价值，人们奉雪莲为"药中极品"。据研究资料显示，雪莲中含有挥发油、生物碱、黄酮类、酚类、糖类、鞣质等成分，全草可入药，主治雪盲、牙痛、风湿性关节炎、阳痿、月经不调等症。在7~8月初开花时采集，药效最好。采集后要放烈日下晒，以防挥发油的丧失和有效成分的破坏。

近几年，随着人们对雪莲药用价值地不断认识，不少地方已经掀起了培植雪莲的浪潮。目前，新疆正在人工种植，以满足社会的需要。

羊角槭——羊角形果子的落叶乔木

↓ 几种不同种类羊角槭的叶形

羊角槭是槭树科具羊角形带翅坚果的落叶乔木的总称，在亚洲、欧洲、美洲均有分布。

羊角槭树通常高约15米，胸径约0.6米，主干略带扭曲状；树皮为灰褐色或深褐色，具发达的木栓；小枝圆柱形，嫩枝为淡紫色或紫绿色，被褐色或淡黄色短柔毛。叶具乳汁，基部近心形或近截形，5裂，中裂片长于侧裂片，基部的裂片钝尖或不发育，裂片边缘波状，叶柄长47厘米。花序顶生，伞房圆锥状；花杂性；萼片5，绿色，长3.5~4毫米；花瓣5，淡绿色；雄蕊8，着生于花盘上。小坚果扁平，近于圆形，翅长圆形，两侧近于平行，近水平张开或稍反卷。

我国的羊角槭多生长在多雾而潮湿的地区，仅分布于浙江西天目山狭窄的范围。叶芽3月下旬开始萌动，4月展叶，花于4月下旬开放，小坚果于9月下旬至10月成熟，10月下旬至12月上中旬落叶。

分布于我国的羊角槭和日本北海道产的日本羊角槭的亲缘关系极为密切，后者的化石（叶及种子）发现于日本中新统、上新统及更新统的地层中。中国羊角槭可能和日本羊角槭起源于同一地质年代，是一个古老的残遗种，对研究植物地理学和古植物学均具有一定的意义。

↓ 出产于美洲的羊角槭各部分结构示意图

羊角槭种子不孕率高，发芽率低，天然更新能力很弱，加之人们在采种时不爱护母树，严重损坏树姿，已陷入濒临灭绝的境地。现在，西天目山已建立自然保护区，对其进行重点保护，当地林场也开展了繁殖试验；杭州植物园也已将其作为濒危物种开始进行引种栽培。

银杉 ——"杉中公子"

银杉属松科常绿乔木,是我国特有的一种古老的孑遗植物。从地理分布上看,银杉主要产于广西(龙胜)、重庆(南川金佛山、柏枝山)、湖南(新宁)、贵州(道真)等地,多见于海拔940~1870米地带。银杉为我国一级重点保护野生植物。

从外形上看,银杉的株高通常在20米左右,胸径在40厘米以上,挺拔秀丽,枝叶茂密。枝平列,小枝有毛。叶两型,长枝上的呈放射状散生,长4~5厘米;短枝上的多轮生,长不到2.5厘米,皆呈条形。在绿色的叶片背面,有两条粉白色的气孔带,饱含露珠的叶片在阳光照耀下,银光闪闪,也正是因为这个原因,人们给这个美丽的树种起了一个非常好听的名字——银杉,人们更美称其为"杉公子"。银杉通常雌雄同株,受粉到受精相隔约一年,球果第二年秋季成熟,生于叶腋,卵圆形、长卵圆形或长椭圆形;种鳞圆形至椭圆形,上面有2粒种子。

1955年5月,我国科学工作者在广西花坪发现了一种奇特的树木,似松非松,似杉非杉,经过有关专家鉴定,这正是外国科学家认为早已绝迹的珍贵树种——银杉的活标本。

虽然银杉现在的数量很少,但是在历史的长河中,银杉也有过自己的繁盛时代。考古学家根据地层分布的银杉的花粉的调查,发现200万年以前,银杉曾经广泛分布于欧亚大陆,只是自从受到第四纪冰川的袭击遭到灭顶之灾以后,银杉的数量才变得非常稀少了。但幸运的是,欧亚大陆的冰川势力并不大,有些地理环境独特的地区,没有受到冰川的袭击,而成为某些生物的避风港。银杉、水杉和银杏等珍稀植物就这样被保存了下来,成为历史的见证者。

银杉材质坚实,结构细致,纹理直而均匀,耐腐,易加工,为优良用材。鉴于银杉的宝贵,人们已对这一珍稀物种加以保护,使之能够世代繁衍下去。

↑ 美丽的银杉
↓ 银杉椭圆形的球果

↓ 银杉的条形叶

银杏——植物界的"活化石"

↑ 这是一棵四人合围的千年银杏树。

↓ 秋天里美丽的风景——银杏叶黄

银杏又名白果树,古代又称鸭脚树或公孙树,属银杏科落叶乔木,是古代银杏类植物在地球上存活的唯一品种,著名的孑遗植物,因此植物学家们把它看作是植物界的"活化石",并与雪松、南洋杉、金钱松一起,称为"世界四大园林树木",我国园艺学家们也常把银杏与牡丹、兰花相提并论,称其为"园林三宝",并把银杏树尊为国树,也是我国一级重点保护植物。银杏在我国广泛栽培,在日本也有分布。

银杏树为高大落叶乔木,躯干挺拔,树形优美,高可达40米。叶片呈折扇形,秋后金黄,飘飘落下如彩蝶飞舞,春末靠风力传播花粉。雌雄异株,所结的金黄色的果实中,内藏1粒种子,种子呈椭圆形或倒卵形,就是我们所说的"白果"。

银杏的生长速度缓慢,寿龄绵长,可达千余年,享有"长寿树"的美誉。银杏树是世界上最古老的树种之一,最早出现于侏罗纪时期。在经历了时间的沧桑演变之后,几乎那时所有

的动物和植物因为无法适应环境的变迁而陆续灭亡，唯独银杏树能够屹然挺立，这一切充分证明了银杏树顽强的生命力。尤其令人惊讶的是，第二次世界大战时期，在经历原子弹轰炸的广岛、长崎地区，几乎所有的植物死伤殆尽，唯独几棵银杏树奇迹般地存活了下来。那么，是什么原因使得银杏树具有如此顽强的生命力呢？

科学研究发现，在银杏树的叶片中含有20多种抗辐射的微量元素、白果内酯及黄酮类化合物，而使得银杏的耐受力加强，抗病害力强、耐污染力高。

银杏树具有防火、耐烟、抗辐射等强大性能，所以可作为工厂和军事设施的掩护树种。另外，银杏还有很好的药用价值：银杏树的果实——白果，味道甘美，医食俱佳，可治疗痰哮喘咳、遗精、带下、尿频等症，但银杏的种子略带毒性，多食会中毒；树叶也可入药，主治咳嗽气喘、胸闷心痛等症。

银杏还具有良好的观赏价值，夏天一片葱绿，秋天金黄可掬，给人以俊俏雄奇、华贵典雅之感。因此古今中外均把银杏作为庭院、行道、园林绿化的重要树种。在我国的名山大川、古刹寺庵，均有高大挺拔的古银杏，它们历尽沧桑、遥溯古今，给人以神秘莫测之感，历代骚人墨客留下了许多诗文辞赋，镌碑以书风景之美妙。无怪乎人们将古银杏与古文化紧密地连在一起。

银杏属起源于1.9亿年前的早侏罗世，现存银杏的前身可追溯到7000万年以前的古新世（第三纪早期），到了晚白垩世及新生代第三纪，银杏逐渐由盛变衰，第四纪冰川之后，在中欧及北美等地的银杏全部灭绝，只在我国保存了一种。它具有许多原始性状，对研究裸子植物系统发育、古植物区系古地理及第四纪冰川气候有重要价值。

↑ 银杏折扇状的叶片

↑ 精巧可爱的银杏果

↑ 银杏的种子——白果

龙文小百科 第四纪冰川

第四纪冰川是距今200多万年的冰川遗迹，冰臼群在重庆梁平县云龙镇龙溪河七里滩水电站水坝附近被发现。中国第四纪冰川的研究，始于著名地质学家李四光。

冰川的出现对全球气候和生物发展的影响很大，特别是第四纪冰川，直接作用于人类的生存环境，研究和确认第四纪冰川对了解地球的历史具有重要价值，因此也一直吸引着人们为此探索。

羽叶点地梅——石缝中绽放的花

羽叶点地梅属报春花科，羽叶点地梅属一年生或二年生、被毛小草本植物，在该属中只有羽叶点地梅1种。羽叶点地梅属为我国的特有属，产于我国西北部高山上的石罅中。

羽叶点地梅根微肉质，呈纺锤形；叶呈莲座状，丛生，线形，倒向羽状深裂；花葶长于叶，伞形花序，多花，基部有苞片多数；萼5裂，宿存；花冠短于花萼，高脚碟状，喉部有肿胀的环，裂片5，覆瓦状排列；雄蕊着生于花冠管的中部，内藏，与花冠裂片对生；子房扁球形，有胚珠多颗；花柱短于子房；蒴果长期冠以枯存的花冠，近基部环裂。

报春花科以观赏植物众多而著称，是美丽的庭园和盆栽花卉，被广泛栽培于世界各地，部分种类亦供药用，该科中的细梗香草、过路黄、临时救、矮桃、点地梅等还是我国民间常用的草药。

↑ 在石缝中顽强绽放的羽叶点地梅

↑ 羽叶点地梅植物形态示意图

龙文小百科　报春花科植物

报春花科植物属双子叶植物纲，多年生或一年生草本植物，少数为半灌生。茎直立或匍匐。叶互生、对生或轮生，有时无地上茎而叶全部基生呈莲座丛。花单生或组成总状、伞形或穗状花序，辐射对称。花萼通常5裂，宿存。花冠下部合生成筒状，上部通常5裂。雄蕊多贴生于花冠上，与花冠裂片同数而对生。花丝分离或下部连合。蒴果通常5齿裂或瓣裂，少数盖裂。种子很小，有棱角，常为盾状。

在全球共有报春花科植物22属，近1000种，主产于北半球温带，中国有11属，近500种，广布于全国各地。

云南石梓 —— 花色明艳的大树

云南石梓又名大叶石梓、甑子树、酸树、埋索（傣语）等，属马鞭草科落叶乔木。云南石梓在国外主要分布于印度、孟加拉、斯里兰卡、缅甸、泰国、老挝和马来西亚等地，在我国仅零星分布于云南西双版纳、思茅、临沧、德宏等地区。野生的云南石梓目前处于稀有状态，属国家二级重点保护野生植物。

云南石梓的株高通常为25～30米，直径为50～80厘米；树皮为灰褐色，呈不规则块状脱落；幼枝为四棱形，具毛及灰白色皮孔，叶痕明显。叶对生，坚纸质，宽卵形，先端渐尖，基部宽楔形至浅心形，近基部有明显的盘状腺体2至数个，全缘，上面被微毛或老时近于无毛，下面密被绒毛；叶柄长8～13厘米。聚伞状圆锥花序顶生，花萼钟状，花冠黄色，间有褐色斑块。核果椭圆形或倒卵状椭圆形，熟时黄色，干后黑色，下有宿萼。

云南石梓的花期与大部分的植物一样，为3～4月，果期为5～6月。

↑ 云南石梓

云南石梓是一种典型的热带植物，多生长在没有冬季、雨量充沛的热带地区。云南石梓为阳性树种，因此多生长在南向山谷中。在季节性雨林中常构成上层成分，伴生的主要树种有合果木、绒毛紫薇等。

云南石梓具有很高的综合利用价值。其材质优良，心材耐腐、抗虫、防湿性能特强，是当地群众所喜用的建筑、家具用材。而且，云南石梓具有初期速生的特性，在一般自然条件下，30龄植株，其胸径可达30厘米以上。

由于长年不合理的采伐和近年来毁林开荒破坏十分严重，现存的天然野生植株已明显减少，但随着人们自然环保意识的加强，对云南石梓的保护意识已经有了提高，比如在西双版纳勐腊、勐苍均已建立自然保护区，现在，人们不但加强了对云南石梓的保护，而且还扩大栽培，在海南和广西西南部已引种试种。

↑ 云南石梓的花

樟树——防虫高手

樟树也称樟、香樟，属樟科，广泛分布于我国长江以南地区，以台湾省为最多。

樟树属常绿乔木，树形高大，树高可达 50 米左右；树皮幼时为绿色，平滑，老时渐变为黄褐色或灰褐色，并有纵裂；冬芽呈卵圆形；叶薄革质，互生，卵形或椭圆状卵形，长 5~10 厘米，宽 3.5~5.5 厘米，顶端短尖或近尾尖，基部圆形，近叶基的第一对或第二对侧脉长而显著，上面光亮，背面稍呈灰色，脉腋有腺点；初夏开花，花小，黄绿色，为圆锥花序生于新枝的叶腋内；核果为小球形，成熟时呈紫黑色，基部有杯状果托。花期通常在 4~5 月，果期 10~11 月。因为樟树木材上有许多纹路，像是大有文章之意，所以就在"章"字旁加一个木字作为树名，称为"樟树"。

↑ 樟树粗壮的树干

↑ 樟树的圆锥状花序

↑ 樟树晶莹剔透的小花

↑ 樟树的果实

樟树喜光，稍耐阴；喜温暖湿润气候，耐寒性不强，对土壤要求不严，较耐水湿，但不耐干旱、瘠薄和盐碱土。主根发达，深根性，能抗风。萌芽力强，耐修剪。生长速度中等，该树种枝叶茂密，冠大阴浓，树姿雄伟，存活期长，可以生长为成百上千年的参天古木，有很强的吸烟滞尘、涵养水源、固土防沙和美化环境的能力。此外还有抗海潮风及耐烟尘和抗有毒气体能力，并能吸收多种有毒气体，较能适应城市环境，是城市绿化的优良树种，广泛作为庭阴树、行道树、防护林及风景林。

樟树还是亚热带地区重要的材用和特种经济树种，可提取樟脑、樟油。樟脑供医药、塑料、炸药、防腐、杀虫等用；樟油可作农药、选矿、制肥皂及香精等原料；其木质坚硬美观，抗虫害、耐水湿，是建筑、造船、家具、箱柜、板料、雕刻等用的优良木材。

第2章 世界珍稀动植物博览 植物篇 ZHI WU PIAN

猪笼草——食肉植物

↑ 这样的装饰很别致吧？

↑ 虽然长得有点不一样，但我们都是猪笼草哦。

猪笼草是双子叶植物纲猪笼草科植物的总称，为多年生偃伏或攀缘半灌木，是大名鼎鼎的食虫植物。它原产于热带，喜高温、多湿的半阴环境，主要分布于印度、澳大利亚等地，在我国广东南部也有分布。

猪笼草的叶互生，叶片由三部分组成。上部是一片扁平的叶片，叶片的中脉延伸成卷须，形状像一条红色的塑料绳，这就是猪笼草的攀缘器官，可缠绕在其他物体或偃伏在岩石上。延伸中脉的末端膨大成囊状体，变成一只"缶"状的叶笼，叶笼上有小盖，笼口有蜜腺，内壁有蜡腺，分泌蜡质作为润滑剂，此盖除幼期外，其他生长期均不覆盖瓶口。叶笼底部有消化腺，能够分泌弱酸性的消化液。猪笼草发育成熟后，会在叶腋抽生总状花序，之后开出单性花。花小，色泽为红色或紫红色，然而花的外观并不好看，同时味道也不好闻。

猪笼草怎样捕虫呢？首先，它的叶笼颜色鲜艳，笼口分布着蜜腺，散发芳香，以"色"和"香"引诱昆虫。当昆虫进入笼口后，由于其内壁非常光滑，昆虫就会滑跌到笼底。而笼底充满着内壁细胞分泌的弱酸性消化液，昆虫一旦落入笼底，就会被其中的消化液淹溺而死，并慢慢地被消化液分解，最终变成营养物质被吸收。

猪笼草能入药，有清热利湿、化痰止咳的药效，捣烂外敷还可以医治疮痈、溃疡、红肿、虫蚁咬伤等。此外，猪笼草和它美丽的叶笼具有较高的观赏价值，可在温室栽培。在欧美等地，已经普遍作为室内盆栽观赏植物，优雅别致，趣味盎然。

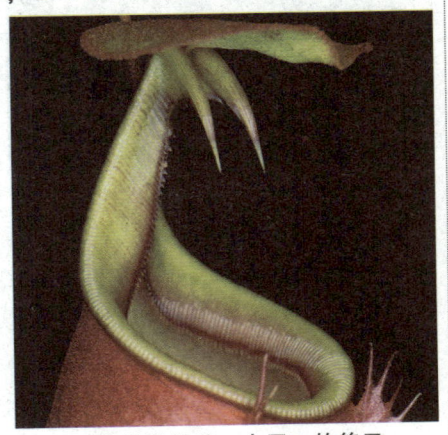

↑ 二距猪笼草长着"大牙"的笼口

紫椴 —— 环保树材

↑ 紫椴的叶片和花

紫椴属椴树科，椴树属。植株属于落叶乔木，高可达20～30米。树皮暗灰色，纵裂，成片状剥落；小枝黄褐色或红褐色，呈"之"字形，皮孔微凹起，明显。叶阔，呈卵形或近圆形，生于萌枝上者更大，基部心形，先端尾状尖，边缘具整齐的粗尖锯齿，齿先端向内弯曲，偶具1～3裂片，表面暗绿色，无毛，背面淡绿色，仅脉腋处簇生褐色毛；叶具柄，柄长2.5～4厘米，无毛。聚伞花序长4～8厘米，花序分枝，无毛，苞片倒披针形或匙形，长4～5厘米，无毛具短柄；萼片5，两面被疏短毛，里面较密；花瓣5，黄白色，无毛；雄蕊多数，无退化雄蕊；子房球形，被淡黄色短绒毛，柱头5裂。果球形或椭圆形，被褐色短毛，具1~3粒种子。种子褐色，倒卵形。花期为6～7月，果熟期在9月。

紫椴为中国原产树种，在东北及华北地区山地均有野生分布。东北地区的长白山、小兴安岭等地的垂直分布可达海拔1100米以上。植株喜光也稍耐阴，喜深厚肥沃湿润土壤，抗寒能力强，抗烟尘和有毒气体。不耐干旱、水涝、盐碱。萌芽力和萌蘖力均强，耐修剪。

紫椴的木材轻软，有光泽，不翘裂，富弹性，加工及油漆性能良好，供胶合板、家具、造纸等用材；种子可榨油，制硬化油及肥皂；茎皮纤维可织麻袋或混纺布；花可入药，又是良好的蜜源植物。

秤锤树 —— 树上的斤两

↑ 秤锤树的果实

秤锤树，也称捷克木，属安息香科，秤锤树属。原产中国。

秤锤树为落叶乔木，高达6米；树皮棕色；枝直立而稍斜展。单叶互生，膜质，呈倒卵形至椭圆形，边缘有硬骨质细锯齿，无毛，或仅生中脉上有星状毛。春季开花，花白如雪，每3～5朵成聚伞花序，腋生，花梗长而下垂，顶部有关节，花萼被星状毛；萼裂片三角形，外面被星状毛。果实卵圆形，红褐色，木质，有白色斑纹，顶端宽圆锥形，下半部倒卵形，形似秤锤，故名秤锤树。秤锤树喜光，也较耐阴，耐寒，较耐旱，忌水淹。国家二级保护濒危植物。

秤锤树是观赏、环保相得益彰的多功能树种，宜作庭园绿化树种。

紫荆木 —— 木中极品

紫荆木又名子京、胶根、刷空母，属山榄科常绿乔木，是我国海南的珍贵树种之一，主要分布于海南山区的热带季雨林中，在越南北部也有分布。它是一种濒临灭绝的珍贵树种，被列为我国二级重点保护野生植物。

紫荆木树形高大，可达30米，体内具白色乳汁。树皮黑褐色，内层浅红色，呈片状剥落；嫩枝密生皮孔，被淡黄色绒毛。叶互生，全缘，常聚生于枝顶，薄革质，长椭圆倒卵形，先端钝圆，基部楔形。花腋生，被绒毛，萼片下垂，合瓣花冠凸出萼外。浆果椭圆形或近球形，稍偏斜，长2～3厘米，具宿存花柱。种子长圆形。

紫荆木能耐旱耐瘠薄，但幼年生长缓慢，天然更新较弱。

紫荆木具有重要的经济价值和生态价值。紫荆木木材硬重、耐腐、干燥后不收缩，是海南珍贵木材之一，种子可食，且含油量高，是优良的油料树种。

由于人类的过度采伐、不合理利用以及对其生存环境的破坏，紫荆木的自然资源日趋枯竭，正受到越来越多科研工作者以及环境保护人士的关注。

↓ 高大的野生紫荆

← 紫荆木的果实

龙文小百科　此紫荆非彼紫荆

随着我国香港行政特区的顺利回归，美丽的紫荆花已被越来越多的国人所熟识，但那种紫荆却不是我们上文提到的紫荆木。那种植物叫做紫荆，属豆科落叶乔木，栽培的常呈灌木状。叶互生，近圆形，基部心形。早春先花后叶，花紫红色，簇生。荚果长而扁。分布于中国各地，是著名的观赏树种。

→ 美丽的紫荆花，香港的象征。

紫檀——帝王之木

↑"帝王之木"略显细弱的树干少了些"帝王之相"。

↑紫檀植物形态示意图

↑清代宫廷中紫檀木制作的大宝座（现藏于首都博物馆）

紫檀亦称青龙木，属豆科，常绿大乔木，多产于亚洲热带的原始森林，中国南部也有栽培。一般分为大叶檀、小叶檀两种，小叶檀为紫檀中的精品，多产于印度，也就是人们通常所说的"紫檀"；大叶紫檀则多产于非洲地区，其纹理较小叶紫檀粗。紫檀因其生长速度极慢，且数量极其有限而成为世界上最珍稀、最名贵的树种之一。紫檀已被列为国家二级重点野生保护植物。

紫檀羽状复叶，小叶7~9枚。蝶形花冠，黄色，圆锥花序。荚果扁圆形，周围具宽翅。紫檀的材质致密坚硬，色调呈紫黑色（暗犀角色），微有芳香，深沉古雅，心材呈血赭色，有光亮美丽的回纹和条纹，年轮纹路呈搅丝状，棕眼极密，无疤痕。它色调深沉，显得稳重大方，因而深得人们的钟爱。

"檀"在梵语里是布施的意思，因其木质坚硬、香气芬芳永恒、色彩绚丽多变、百毒不侵、千古不朽而著称。传说檀能驱灾避邪，人们视之为吉祥物，故又称"圣檀"。我国自古以来就有崇尚紫檀的风气，是最早认识和开发紫檀的国家。东汉已有记载，用紫檀作为制造车舆、乐器、高级家具及其他精巧器物的材料。到了明代，尤其受皇家及王公贵族的喜爱，并逐渐成为了中国的"帝王之木"。明代的紫檀木家具做工看似粗糙，却雕琢有神，神志轩昂。明代的御用紫檀起初在我国南部采办，后因木料不足，遂派员定期赴南洋采办，因此储存了许多紫檀木料。因紫檀生长缓慢，非数百年不能成材，南洋的紫檀经明代采伐后难觅踪迹。到清初，世界所产紫檀木绝大部分都汇集在中国。清代中叶以后，明代库存用完，此后人们制作家具就以红木代替紫檀了。国外对紫檀更是惜之如宝，据说拿破仑墓前有一个15厘米长的紫檀木棺椁模型，参观者无不惊慕。